U0290206

中国互联网发展报告

— 2023 —

中国网络空间研究院　编著

商务印书馆
创于1897 The Commercial Press

图书在版编目（CIP）数据

中国互联网发展报告. 2023 / 中国网络空间研究院编著. — 北京 : 商务印书馆，2023
ISBN 978 - 7 - 100 - 22681 - 3

Ⅰ. ①中…　Ⅱ. ①中…　Ⅲ. ①互联网络—研究报告—中国—2023　Ⅳ. ①TP393.4

中国国家版本馆 CIP 数据核字（2023）第126209号

封面设计：薛平　昊楠

中国互联网发展报告（2023）
中国网络空间研究院　编著

商 务 印 书 馆 出 版
（北京王府井大街36号　邮政编码 100710）
商 务 印 书 馆 发 行
山 东 临 沂 新 华 印 刷 物 流
集 团 有 限 责 任 公 司 印 刷
ISBN　978 - 7 - 100 - 22681 - 3

2023年10月第1版　　开本 710×1000　1/16
2023年10月第1次印刷　印张 15¼
定价：238.00元

前 言

2023年是全面贯彻党的二十大精神的开局之年，也是我国网信事业发展历程中具有里程碑意义的一年，全国网络安全和信息化工作会议胜利召开，习近平总书记对网信工作作出重要指示，开启了新时代新征程推动我国网信事业高质量发展的崭新篇章。在习近平新时代中国特色社会主义思想特别是习近平总书记关于网络强国的重要思想指引下，网络强国、数字中国建设取得积极进展和重要突破。《中国互联网发展报告（2023）》（以下简称《报告》）旨在展现一年来我国互联网的发展成就和生动实践，展望互联网发展趋势，以期为广大读者和业界研究人员提供丰富资料和翔实数据。本书主要有以下几个特点：

（1）始终以习近平总书记关于网络强国的重要思想作为《报告》编写的科学指南和根本遵循。党的十八大以来，习近平总书记精准把握信息时代的“时”与“势”，明确提出建设网络强国的战略目标，统筹谋划和推进网络安全和信息化工作，形成了内涵丰富、科学系统的习近平总书记关于网络强国的重要思想。在习近平总书记关于网络强国的重要思想的科学指引下，我国网信事业呈现出蓬勃发展的生动局面，正从网络大国向着网络强国阔步迈进。习近平总书记关于网络强国的重要思想，是习近平新时代中国特色社会主义思想的重要组成部分，是党管网治网实践经验的理论总结和网信事业发展的行动指南。在《报告》编写过程中，我们始终坚持以习近平总书记关于网络强国的重要思想为指导，注重从理论的高度深入宣传阐释我国互联网发展重大成就和生动实践。

（2）紧紧围绕学习宣传贯彻党的二十大精神，全方位展现中国互联网发展的最新成就和生动实践。党的二十大报告明确提出“加快建设网络强国、数字中国”，“加快发展数字经济，促进数字经济和实体经济深度融合，打造具有国际竞争力的数字产业集群”，对今后网信事业发展做出明确部署安排。踏上新时代新征程，我国网信事业发展面临着新形势、新目标和新任务，信息技术作为先进生产力的代表，必将在建设中国式现代化过程中发挥重要作用。《报告》围绕党的二十大精神和网络强国、数字中国建设各领域各方面，全面展现了一年来我国网信领域的最新成就和鲜活实践。一年来，网信事业重点领域顶层设计不断强化，为网信事业发展擘画未来蓝图。相关部门扎实有力推动各项规划实施落地，数字基础设施“大动脉”作用凸显，数字经济战略布局持续完善，网络正能量强劲主旋律高昂，网络安全保障能力持续增强，网络法治体系不断完备，数字政务协同治理效能提升，数字领域国际合作交流广泛开展。需要特别指出的是，随着我国数字文化繁荣发展，《报告》新增“数字文化建设”章节，全面梳理介绍了一年来我国数字文化的建设成就。

（3）力求全面、客观、准确评价全国各省（自治区、直辖市，不含港澳台地区）互联网发展情况。《报告》聚焦2022年以来中国互联网发展实践，从基础设施建设、创新能力、数字经济发展、数字社会发展、网络安全与网络治理六大维度继续综合评估全国31个省（自治区、直辖市，不含港澳台地区）的互联网发展情况，反映各地互联网发展水平，为各地准确把握自身优势，进一步明确互联网发展的战略目标和重点，推动网信事业朝着网络强国建设目标迈进提供参考借鉴。

我们期待，《报告》能够客观地记录中国互联网发展进程，全面反映中国互联网发展的新成就、新做法、新经验，为广大读者了解中国互联网发展状况提供参考借鉴。

中国网络空间研究院

2023年9月

目 录

— 总 论 —

一、中国互联网发展情况 2

（一）数字基础设施“大动脉”作用凸显，多项指标居全球前列 2

（二）数字经济战略布局持续完善，数据基础制度框架确立 3

（三）数字公共服务普惠便捷，数字政务协同治理效能提升 4

（四）网络正能量充沛主旋律高昂，数字文化产业发展动能强劲 6

（五）网络安全保障能力逐步增强，数据安全治理基础不断夯实 7

（六）网络法治体系不断完备，执法程序更加规范化 8

（七）网络空间国际交流合作广泛开展，积极推进构建网络空间命运共同体 9

二、全国各省（自治区、直辖市）互联网发展情况 10

（一）2023年中国互联网发展指数综合排名 12

（二）分项评价指数排名 16

三、中国互联网发展趋势展望 20

（一）数字经济逐步转向深化应用、优化结构、普惠共享的高质量发展新阶段 20

（二）数据基础制度逐步完善，推动数据要素市场可持续发展 20

（三）新技术新应用新业态持续赋能网络内容建设，全媒体传播体系加速构建 21

（四）数据安全风险严峻，全社会加强数据安全保障能力建设 22
（五）数字治理力度加大，持续优化数字化发展国内环境、加快国际数字合作进程 22

— 第 1 章　数字基础设施建设 —

1.1　通信网络基础设施建设平稳推进 27
1.1.1　5G进入规模化应用关键期 27
1.1.2　光纤宽带网络覆盖范围进一步扩展 29
1.1.3　IPv6从“能用”步入“好用”阶段 30
1.1.4　天基网络设施赋能增效成果显著 31
1.2　算力基础设施建设进入快速增长期 34
1.2.1　数据中心建设向绿色化集约化发展 34
1.2.2　云计算应用增速放缓 35
1.2.3　边缘计算市场快速增长 36
1.2.4　超算中心提供更多公共计算服务 37
1.3　新技术基础设施建设取得较大突破 37
1.3.1　人工智能产业加速发展 38
1.3.2　区块链基础设施加速发展 39
1.3.3　量子技术发展步伐加快 40
1.4　应用基础设施蓬勃发展 42
1.4.1　车联网迎来建立新格局重要窗口期 43
1.4.2　物联网保持高速发展 44
1.4.3　工业互联网发展前景广阔 45

— 第2章 数字经济发展 —

2.1 数字经济政策体系日趋完善 49

2.1.1 顶层设计持续优化 49

2.1.2 各地政策聚合发力数字经济 50

2.1.3 传统产业数字化转型政策陆续出台 51

2.1.4 平台经济迎来健康发展新阶段 52

2.2 数据要素市场生态逐步完善 53

2.2.1 数据要素市场制度建设日益完善 53

2.2.2 数据交易市场发展活力不断显现 53

2.2.3 数据开放共享有序推进 54

2.3 数字产业化创新能力稳步提升 55

2.3.1 电子信息制造业整体稳定 55

2.3.2 软件和信息技术服务业持续向好 57

2.3.3 互联网和相关服务业平稳发展 58

2.3.4 互联网产业发展态势良好 61

2.4 产业数字化转型全面加速 63

2.4.1 智慧农业建设成效明显 63

2.4.2 工业互联网为制造业数字化赋能 64

2.4.3 数字经济与现代服务业实现融合发展 66

2.5 人工智能驱动数字经济发展 67

2.5.1 智能决策助力产业绿色化 68

2.5.2 人工智能加速催生新场景新业态 68

— 第3章　网络内容建设 —

3.1　网络内容建设高质量推进，主流思想舆论巩固壮大……73
3.1.1　重大主题宣传奏响主旋律、聚合共识度……74
3.1.2　网络文明建设强化主阵地、践行新思想……76
3.1.3　网络国际传播融通多语种、增强影响力……78
3.1.4　网络内容供给紧贴新需求、渲染共情感……81
3.2　网络综合治理体系基本建成，治网管网能力全面提升……83
3.2.1　坚持系统谋划、综合治理，网络治理向科学化发展……83
3.2.2　创新社会协同治理，打造向上向善的网络生态……87
3.2.3　加强未成年人网络保护，赋能青少年健康成长……90
3.3　导向为魂、创新为要，媒体融合迈入全面发力、提质增效新阶段……91
3.3.1　媒体深度融合扎实推进，全媒体传播体系加速建设……92
3.3.2　县级融媒体深耕本土新闻，参与基层治理，服务乡村振兴……93
3.3.3　政务新媒体加强功能建设与政民互动，创新网络治理新模式……94
3.3.4　前沿技术催生媒体新业态，双轮驱动媒体融合新升级……95

— 第4章　网络安全建设 —

4.1　网络安全总体态势依旧严峻……99
4.1.1　典型网络攻击危害严重……99
4.1.2　重点领域网络安全威胁突出……100
4.2　网络安全防护和数据安全保护工作取得新进展……102
4.2.1　关键信息基础设施安全保护工作积极推进……102

4.2.2 数据安全和个人信息保护工作有序开展……103
4.2.3 网络安全审查工作不断加强……105
4.2.4 网络安全服务与产品认证体系持续完善……105
4.2.5 密码评估体系建设积极推进……106
4.2.6 网络安全标准工作扎实开展……106

4.3 深入开展网络安全专项治理和违法犯罪处置……107

4.3.1 个人信息保护专项治理行动持续开展……107
4.3.2 依法处置网络黑产等网络违法犯罪行为……108

4.4 网络安全产业与技术稳步发展……110

4.4.1 网络安全和数据安全产业发展环境不断向好……110
4.4.2 网络安全市场持续发展壮大……111
4.4.3 网络安全产业良性生态加速形成……115

4.5 网络安全人才培养与宣传教育工作扎实推进……116

4.5.1 网络安全人才需求持续增长……117
4.5.2 积极推进网络安全人才培养……118
4.5.3 网络安全宣传教育和网络安全意识明显提升……120

— 第5章 网络法治建设 —

5.1 网络立法建设持续推进……125

5.1.1 网络安全立法重点推进……125
5.1.2 数字经济法治规则逐步健全……128
5.1.3 网络生态治理举措落实见效……130
5.1.4 新技术新业态规范发展……132

5.2 网络执法规范有序......135
5.2.1 依法打击信息内容乱象......135
5.2.2 加大个人信息保护执法领域力度......136
5.2.3 常态化规范数字市场垄断与不正当竞争行为......136
5.2.4 规范网信行政执法程序......137

5.3 智慧司法提升网络治理成效......138
5.3.1 智慧法院信息系统普及应用......138
5.3.2 数字检察模式取得新突破......138
5.3.3 大数据赋能司法救助机制......139
5.3.4 维护网络空间司法权益......140

5.4 网络普法深入民心......141
5.4.1 创新网络普法宣传形式......141
5.4.2 普及网络法律宣传教育......143
5.4.3 加强重点对象网络普法......143

— 第6章 数字政府建设 —

6.1 政策制度体系持续完善......147
6.1.1 国家出台多项政策文件......147
6.1.2 地方政府持续加强规划与布局......148

6.2 平台系统建设持续推进......150
6.2.1 国家相关平台功能持续完善......150
6.2.2 各地政府保持较高建设投入......151
6.2.3 投资建设覆盖多个重点领域......153

6.3 政务数据开放共享进展显著 157
6.3.1 机构和政策建立日趋完善 157
6.3.2 数据目录体系建设不断加强 161
6.3.3 政务数据共享成效显著 162
6.3.4 数据开放水平持续提升 165
6.4 数字服务和监管能力进一步提升 167
6.4.1 网上服务水平显著提高 167
6.4.2 数字监管能力大幅提升 169
6.4.3 支撑保障水平明显增强 169

— 第 7 章 数字社会建设 —

7.1 数字民生基本实现“民有所需，数有所为” 173
7.1.1 数字教育更普惠便捷 173
7.1.2 数字医疗发展量增质优 174
7.1.3 数字社保与就业让人民生活更有保障 176
7.1.4 数字体育呈现蓬勃发展态势 177
7.2 数字乡村建设取得阶段性成效 178
7.2.1 顶层设计进一步完善 178
7.2.2 乡村振兴的数字底座不断夯实 178
7.2.3 农业智能化水平不断提升 180
7.2.4 乡村数字新业态新模式不断涌现 181
7.3 全民数字生活水平迈上新台阶 182
7.3.1 智慧社区展现新面貌 182

7.3.2 全民数字素养与技能提升行动深入实施 182
7.3.3 数字公共服务适老化与无障碍水平加快提升 183

7.4 数字社会治理能力持续提升 184
7.4.1 数字社会治理体系不断完善 184
7.4.2 乡村治理数字化水平持续提升 185
7.4.3 智慧社区的治理驶入“快车道” 186

— 第 8 章 数字文化建设 —

8.1 政策“保驾护航”，夯实数字文化发展根基 191
8.1.1 数字文化建设整体布局统筹推进 191
8.1.2 数字文化政策面向新业态、吹响治理新号角 192
8.1.3 数字文化政策引导社会新风尚 193

8.2 正能量高扬，数字文化内容蓬勃发展 193
8.2.1 数字文化建设为理想信念教育注入创新活力 194
8.2.2 数字文化为中华优秀传统文化的创造性转化与创新性发展提供新路径 195
8.2.3 数字文化综合治理坚持“监管+引导+服务”齐发力 196

8.3 步入增长通道，数字文化产业高质量发展 198
8.3.1 数字文化产业与社会场景融合互嵌，多元领域中探索新机遇 198
8.3.2 数字文化产业推动线上线下同频互动，文化创新实现增长 199
8.3.3 网络视听行业聚合发力，彰显数字文化市场力量 200

8.4 技术进入新一轮发展期，数字文化将迎来新机遇 201
8.4.1 数据管理技术打通全链，助力文化数据库建设 202

8.4.2 扩展现实技术广泛应用，带动数字文化创新 203
8.4.3 人工智能技术实现突破，创新数字文化生产 204

— 第 9 章 网络空间国际治理和交流合作 —

9.1 中国参与网络空间国际治理面临的形势 207
9.1.1 新一代技术创新应用潜在风险备受关注 208
9.1.2 芯片供应链主导权争夺进一步加剧 209
9.1.3 全球数字贸易规则制定呈现多元化发展趋势 209
9.2 当前网络空间国际治理热点问题与中国实践 210
9.2.1 中国呼吁共同维护产供链安全，反对技术问题政治化 210
9.2.2 中国积极推进数据要素开发利用，加强跨境数据流动探索 211
9.2.3 中国加快发展数字经济，积极参与相关国际规则制定 212
9.3 中国积极开展国际交流合作 213
9.3.1 搭建网络空间国际交流合作平台 213
9.3.2 参与联合国框架下治理进程 214
9.3.3 深化数字经济合作伙伴关系 216
9.3.4 持续开展网络安全国际合作 221
9.3.5 加强互联网基础资源领域的交流合作 223
9.3.6 推动信息技术和标准领域国际规则制定 224
9.3.7 推动全球数据安全领域国际合作 225
9.3.8 推动网络文化国际交流互鉴 226
后 记 227

总论

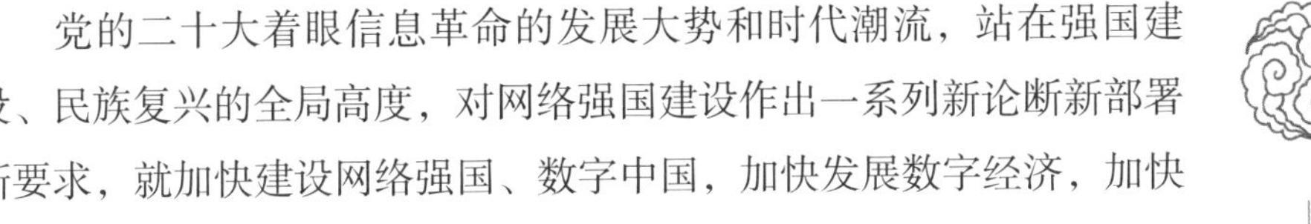

党的二十大着眼信息革命的发展大势和时代潮流，站在强国建设、民族复兴的全局高度，对网络强国建设作出一系列新论断新部署新要求，就加快建设网络强国、数字中国，加快发展数字经济，加快实现高水平科技自立自强，健全网络综合治理体系，推动形成良好网络生态，强化网络、数据等安全保障体系建设，加强个人信息保护等提出明确要求，为新时期网信事业发展指明了前进方向。特别是2023年7月，全国网络安全和信息化工作会议胜利召开，习近平总书记对网信工作作出重要指示，充分肯定了党的十八大以来网信事业取得的重大成就，深刻阐述新时代新征程网信事业的重要地位作用，鲜明提出网信工作“举旗帜聚民心、防风险保安全、强治理惠民生、增动能促发展、谋合作图共赢”的使命任务，明确了“十个坚持”的重要原则，进一步丰富和发展了习近平总书记关于网络强国的重要思想，为新征程推动网络安全和信息化事业高质量发展提供了科学指引。

一年来，在习近平新时代中国特色社会主义思想特别是习近平总书记关于网络强国的重要思想指引下，中国始终坚持党对网信工作的全面领导，加强网络强国建设顶层设计，出台数字中国建设整体布局规划，提出了“2522”的整体框架，擘画了数字中国建设的宏伟蓝图。数字基础设施建设稳步推进，经济社会发展“大动脉”作用日益凸显；数字经济发展势头强劲，成为稳增长促转型的重要引擎；数据基础制度框架明确，数据资源体系加快构建；互联网新技术在教育、就业、社保、医疗卫生、交通等领域深度应用，赋能满足人民群众日益增长的物质文化需求；网络内容建设与管理持续加强，网络空间主流思想舆论巩固壮大，数字文化布局加快，网络文明向纵深发展，网络综合治理体系基本建成，网络生态持续向好；网络安全保障体系和能力建设全面加强，数据安全和个人信息保护力度逐步加强；网络空间法治化深入推进，网络立法“四梁八柱”基本构建，网络执法工作力度加大，程序不断规范；网络空间国际交流与合作深化拓展，网络空间命运共同体理念日益深入人心。

当前，中华民族伟大复兴战略全局、世界百年未有之大变局与信息革命时代潮流发生历史性交汇，为我们全面建设社会主义现代化国家带来新的机遇和挑战。网络信息技术日新月异，日益融入社会生产生活，也深刻改变着全球经济格局、利益格局、安全格局。世界主要国家都把互联网作为经济发展、技术创新的重点，把互联网作为谋求竞争新优势的战略方向。但仍然有个别国家将互联网作为维护霸权的工具，滥用信息技术，实施网络霸权，网络空间冲突对抗风险上升。一些国家搞“小圈子”“脱钩断链”，制造网络空间的分裂与对抗，网络空间面临的形势日益复杂。

全面贯彻落实党的二十大重大战略部署，面对纷繁复杂的国际形势和层出不穷的各种挑战，中国紧抓战略机遇期，抢占发展制高点，把握时代主动权，扎实推进网络强国、数字中国建设，在激发数字经济活力、推进数字生态建设、营造清朗网络空间、防范网络安全风险等方面不断取得新成效，为高质量发展赋能增效，为构建网络空间命运共同体提供坚实基础，为推进世界互联网发展贡献中国智慧。

一、中国互联网发展情况

（一）数字基础设施“大动脉”作用凸显，多项指标居全球前列

中国积极顺应技术创新发展趋势，面向经济社会发展重大需求，适度超前部署建设数字基础设施，加快提升传统基础设施智能化、数字化水平，取得一批世界领先成果，新一代数字基础设施正朝着高速泛在、天地一体、云网融合、智能敏捷、绿色低碳、安全可控的方向加速迈进。一年来，中国稳步推进通信网络基础设施、算力基础设施、新技术基础设施和应用基础设施建设，实现5G、千兆光网、IPv6规模部署、算力总规模等世界领先。

5G进入规模化应用关键期，截至2023年6月底，中国累计建成开通5G基站超过293.7万个，5G网络覆盖全国所有地级市、县城城区，5G移动电话用

户数达6.76亿。5G应用场景持续深化，已覆盖52个国民经济大类，5G和千兆光网“双千兆”网络应用案例数超过5万户。千兆网络服务能力持续提升，全国光缆线路总长度达到6106万公里，已建成千兆城市110个，千兆光网具备覆盖超过5亿户家庭的能力。物联网保持高速发展，截至2023年6月，蜂窝物联网用户规模快速扩大，三家基础电信企业发展蜂窝物联网终端用户21.23亿户。IPv6规模部署及应用深入推进，IPv6的活跃用户达到7.67亿，占互联网网民总数的71%，4G、5G以及固定宽带网络已经全面支持IPv6，移动网络IPv6流量占比超过一半。天基网络设施赋能增效成果显著，中国北斗广泛应用于交通运输、数字施工、快递物流等领域，与人工智能等新兴技术深度融合，催生“北斗+”和“+北斗”新业态。卫星互联网应用落地提速，2023年5月，中国首次在偏远地区实现低轨卫星互联网在电力通信领域的测试应用。“东数西算”等国家布局建设工程推动算力需求大幅增加，算力基础设施综合能力显著提升，工业和信息化部统计数据显示，截至2022年底，算力总规模达到180EFLOPS（每秒18000京次浮点运算），位居世界第二，年增长率近30%。人工智能计算中心不断涌现，成为建设国家新一代人工智能创新发展试验区的重要基础设施，区块链和量子基础设施继续加速发展。工业互联网高效赋能各行各业，重点工业互联网平台连接工业设备超过8500万台套。车联网先导区加快基础设施建设和测试示范部署，全国已累计开放超过9000公里测试道路，发放测试牌照超过1900张，带动智能交通、智慧城市等多领域协同发展。

（二）数字经济战略布局持续完善，数据基础制度框架确立

发展数字经济是构建现代化经济体系的重要支撑。一年来，中国数字经济政策持续优化，数据要素市场不断探索创新，数据资源循环逐步畅通，数据要素价值加快释放，数字产业创新能力大幅提升，产业数字化转型提档加速。

数字经济顶层战略规划体系持续完善。《数字中国建设整体布局规划》明确了要做强做优做大数字经济，培育壮大数字经济核心产业，打造具有国际竞争力的数字产业集群。截至2023年4月，全国31个省（自治区、直辖市）均出台了数字经济发展规划。数据基础制度加快构建，《中共中央 国务院关于构建数据基础制度更好发挥数据要素作用的意见》（以下简称“数据二十条”）

印发实施，系统提出数据基础制度框架，各地加快制定数据开发利用的规则制度，探索数据管理机制创新。数据产量和存储量规模持续提升，2022年，中国数据产量达到8.1ZB，同比增长22.7%，占全球数据总产量的10.5%，位居世界第二；数据存储量达724.5EB，占全球数据总存储量的14.4%。数据要素市场不断探索创新，数据要素产业规模逐步扩大。中国大数据产业规模达1.57万亿元，同比增长18%。数字经济规模持续增长。相关数据显示，2022年中国数字经济规模达50.2万亿元，总量稳居世界第二，占GDP比重提升至41.5%。[1] 数字产业化创新能力大幅提升。2023年一季度，电子信息制造业生产降幅收窄，软件和信息技术服务业运行稳步向好，业务收入跃上十万亿元台阶，互联网和相关服务业收入实现正增长，利润总额大幅增长，研发经费降幅小幅收窄。产业数字化转型提档加速，数字化加速向经济社会全方位和全链条渗透。农业数字化全面发展，渔业养殖、农业种植、育种等环节广泛采用现代信息技术，农业生产信息化率超过25%[2]；制造业数字化转型步伐加快，全国工业企业关键工序数控化率和数字化研发设计工具普及率分别达到58.6%、77.0%，助力制造业降本增效；工业互联网产业规模持续扩大，工业和信息化部数据显示，2023年一季度，中国工业互联网核心产业规模突破1.2万亿元，较上年增长15.5%；数字经济与现代服务业不断融合，网络零售继续保持增长趋势，成为推动消费扩容的重要力量。2023年上半年，全国网上零售额达7.16万亿元，同比增长13.1%。其中，实物商品网上零售额6.06万亿元，增长10.8%。[3] 根据海关初步统计，2023年上半年，中国跨境电商进出口额达1.1万亿元，同比增长16%。[4]

（三）数字公共服务普惠便捷，数字政务协同治理效能提升

习近平总书记指出“要适应人民期待和需求，加快信息化服务普及”，“让亿万人民在共享互联网发展成果上有更多获得感”。一年来，互联网新技

1 国家互联网信息办公室:《数字中国发展报告（2022年）》，2023年5月。

2 中央网信办信息化发展局、农业农村部市场与信息化司:《中国数字乡村发展报告（2022年）》，2023年3月。

3 “2023年上半年社会消费品零售总额增长8.2%”，http://www.stats.gov.cn/sj/zxfb/202307/t20230715_1941269.html，访问时间：2023年8月。

4 “国新办举行2023年上半年进出口情况新闻发布会图文实录”，http://www.scio.gov.cn/xwfb/gwyxwbgsxwfbh/wqfbh_2284/49421/50133/wz50135/202307/t20230724_729250.html，访问时间：2023年8月。

术在社会各方面深度应用，数字社会建设着力补齐民生短板、优化公共服务，数字乡村、数字社区建设扎实推进，教育、医疗、就业、养老等各类场景中的数字化服务不断迭代升级。数字政务服务平台加快建设，政务数据共享成效持续深化，数字政府治理服务效能显著提升。

截至2023年6月，中国网民规模达10.79亿人，互联网普及率达76.4%。[1] 数字技术深度融入普通百姓日常生活，人们将更多时间和多元生活需求的满足放到线上。国家教育数字化战略行动全面实施，国家智慧教育公共服务平台正式开通，建成世界第一大教育教学资源库，优质教育资源开放共享格局初步形成。互联网医疗覆盖率进一步提升，规模持续扩大，地市级、县级远程医疗服务实现全覆盖，截至2023年6月，中国互联网医疗用户规模达3.64亿人，较2022年12月增长162万人，占网民整体的33.8%。[2] 互联网医疗规范化水平持续提升，发布《互联网诊疗监管细则（试行）》《药品网络销售监督管理办法》等文件，对互联网诊疗流程以及药品网络销售管理等进行明确规定。养老、社会保障、体育等民生领域的数字化水平不断提升。数字乡村建设成效突出，截至2023年6月，农村地区互联网普及率为60.5%，农村网络基础设施基本实现全覆盖，农村互联网应用普及加快，农村在线医疗用户规模达6875万人，普及率为22.8%。[3] 网民数字素养与技能稳步提升，残疾人、老年人、未成年人等特殊群体数字适应能力显著增强，每年残疾人约6.8万人次通过网络实现就业；数字技术工程师等数字相关职业标准建设加快，遴选专业培训机构培养数字技术技能人员，多渠道提升全社会的数字化水平。中国政府加快数字化转型步伐，加强数字政务建设。《2022年联合国电子政务调查报告（中文版）》显示，中国电子政务全球排名第43位，较2020年的第45位提升2位，其中，“在线服务”指数排名持续居全球领先水平。一体化政务服务能力不断提高，“一网通办”“跨省通办”建设持续深化，政务事项办理效率和便捷度大幅提升。截至2023年3月，全国一体化政务服务平台实名注册用户超过10亿人，其中国家政务服务平台注册用户8.2亿人，总使用量超过860亿人次。政务数据共享和开放

1 中国互联网络信息中心：《第52次中国互联网络发展状况统计报告》，2023年8月。

2 中国互联网络信息中心：《第52次中国互联网络发展状况统计报告》，2023年8月。

3 中国互联网络信息中心：《第52次中国互联网络发展状况统计报告》，2023年8月。

成效显著，截至2023年4月，国家数据共享交换平台已接入82个中央有关单位，通过服务接口累计面向相关部门和地方提供查询/核验112.83亿次。政务公开推动数字治理能力大幅提升，社会各界借助网络媒体平台积极为党中央、国务院重要工作建言献策，“互联网+督查”平台、网上调研平台、全国人大履职平台等不断提升政务履职的数字化、现代化水平，提升数字治理效能。

（四）网络正能量充沛主旋律高昂，数字文化产业发展动能强劲

互联网为人民群众生产生活提供了新平台、新空间，也为促进文化繁荣发展提供了新载体、新机遇。习近平总书记提出“网络文明是新形势下社会文明的重要内容，是建设网络强国的重要领域”，“加强网络内容建设，做强网上正面宣传，培育积极健康、向上向善的网络文化”。一年来，党的创新理论网上宣传阐释持续加强，习近平新时代中国特色社会主义思想入脑入心，网上重大主题宣传出新出彩，网络内容供给不断贴合受众需求，网络国际传播效能全方位提升，网络空间正能量充沛，数字文化产业繁荣发展，网络文明建设开拓新局面，各类活动蓬勃开展，文明办网、文明用网、文明上网、文明兴网成为全社会普遍共识，广泛凝聚起亿万网民共建网上美好精神家园的磅礴力量。

守正创新推进党的创新理论网上宣传，持续推进“理响中国”网上理论宣传品牌建设，党的二十大精神网络宣传“声”入人心，各大主流媒体、网站和地方媒体聚焦重大主题，丰富传播样态，打造高效优质的融媒体产品，如《领航》《解码十年》《新千里江山图》《大时代》等。加快推进全媒体传播体系建设，举办2023中国网络媒体论坛，深入开展中国正能量网络精品评选展播活动，一批优秀作品脱颖而出。网络国际传播成效显著，各大网站构建融通中外的新语境和叙事体系，积极主动向世界讲好中国故事、传播好中国声音。网络文明建设全面铺开、积厚成势，召开全国网络文明建设工作推进会，成功举办2022年、2023年中国网络文明大会，不断培育网络文化新风尚，丰富网络文明新实践。发挥正能量网络名人示范带动作用，举办“追寻建党百年足迹”等网络名人国情考察活动，生动讲好新时代故事。走好网上群众路线，开展走好网上群众路线百个成绩突出账号推选活动，探索建设网民网络素养教育基地，打造中国互联网联合辟谣平台，加强网络举报处置，有力构筑网上网下同心圆。

网络综合治理向法治化、社会化、科学化发展，治网管网能力全面提升，“清朗”系列行动持续开展，重点针对网络沉迷、网络霸凌、饭圈乱象等开展专项整治。数字文化产业发展动力强劲，新兴业态不断涌现，文化消费新场景层出不穷，在乡村振兴、文化遗产保护、旅游、文博等多元领域中探索新机制，产业发展步入快车道。人工智能激活文化产品创造新模式，塑造数字文化产业的新特征、新模式、新业态，推动媒体深度融合向智能化转型。

（五）网络安全保障能力逐步增强，数据安全治理基础不断夯实

当前，网络威胁层出不穷，网络攻击愈演愈烈，供应链攻击多发频发，网络安全形势总体依旧严峻复杂。中国坚持总体国家安全观，加快相关法律法规落地，积极参与网络安全国际标准制定，扎实开展网络安全突出问题专项治理，推动网络安全产业集聚发展，推进网络安全人才培养和宣传教育。

典型网络攻击危害严重，勒索攻击逐渐向以攻击企业为主同时具备数据盗取功能的方向发展，大流量DDoS攻击涨幅明显，APT攻击瞄准关键信息基础设施和重要信息系统。数据泄露风险突出，据天津国家计算机病毒应急处理中心统计，2023年一季度，教育、卫健、金融等行业是受数据泄露影响较大的行业，遭泄露数据仍以公民个人信息为主。面对多重风险挑战，中国扎实推进数据安全管理和个人信息保护工作，强化数据安全保障体系，扎实推进数据出境安全和个人信息保护相关制度建设，有序推动数据安全标准化建设，深入开展网络安全事件处置和专项治理，规范APP违法违规收集使用个人信息行为。同时，严厉打击网上非法倒卖公民个人信息行为，依法处置网络黑产等网络违法犯罪行为，深入推进“净网2022”专项行动。积极推动网络安全产业高质量发展，提升网络安全产业技术水平和竞争力。2022年中国网络安全市场规模约为633亿元，同比增长3.1%。网络安全人才需求持续增长，中国积极开展网络安全人才培养，持续推进一流网络安全学院建设示范项目和国家网络安全人才与创新基地建设。聚焦“网络安全为人民，网络安全靠人民”，持续举办国家网络安全宣传周，2022年国家网络安全宣传周主题宣传活动话题阅读量累计38.6亿次，推送公益短信13亿条，短视频播放量超5亿次，在全国营造了维护网络安全的浓厚氛围，全社会网络安全意识和能力显著提高。

（六）网络法治体系不断完备，执法程序更加规范化

中国始终坚持依法治网，持续推进网络空间法治化，确保互联网在法治轨道上健康运行。一年来，中国不断完善网络安全、数据治理、平台监管等重点领域的相关立法，形成了丰富的网络法治成果，持续深入推进网络执法司法普法工作。2023年3月，《新时代的中国网络法治建设》白皮书发布，系统总结自1994年中国全功能接入国际互联网以来，特别是新时代以来网络法治建设理念和实践，为全球互联网治理提供了中国方案，贡献了中国智慧。

网络安全制度体系建设纵深推进，加强重点领域关键信息基础设施保护制度建设，医疗、电力、交通等重点行业制定出台专门的网络安全管理办法；持续完善数据跨境流动管理制度，出台《数据出境安全评估办法》《个人信息出境标准合同办法》《关于实施个人信息保护认证的公告》等部门规章和规范性文件；惩治电信网络诈骗的专门立法《中华人民共和国反电信网络诈骗法》正式施行，为打击电信网络诈骗提供了全方位法律支撑。数字经济法治规则不断健全，“数据二十条”明确数据基础制度框架，重点行业领域数据安全管理要求逐步细化，数据知识产权保护加强，浙江、北京等地率先出台数据知识产权登记管理办法，切实保护数据处理者合法权益。网络生态治理全方位落实，加大网络暴力治理，最高人民法院、最高人民检察院、公安部联合发布《关于依法惩治网络暴力违法犯罪的指导意见》，对网络诽谤、网络侮辱、人肉搜索、线下滋扰等网络暴力进行规制；强化对妇女、未成年人、老年人等特殊群体的网络保护，审议通过《未成年人网络保护条例》，推动各有关方面严格落实未成年人网络保护责任，筑牢未成年人网络保护的法治支撑；持续规范互联网信息内容治理，对互联网弹窗信息推送、互联网跟帖评论等服务提出要求。强化前沿问题研究，加快推进新兴领域立法步伐，促进人工智能、算法、深度合成等新技术、新应用的规范发展。《生成式人工智能服务管理暂行办法》规定生成式人工智能发展和治理原则，提出促进生成式人工智能技术发展的具体措施，同时各省市也通过专项立法以促进人工智能产业的健康发展；加强深度合成技术信息安全监管，公布《互联网信息服务深度合成管理规定》，厘清和细化了深度合成技术的应用场景，明确了深度合成服务

提供者和使用者的信息安全义务。网络执法力度加大，据统计，2022年1月至2023年上半年，全国网信系统累计依法约谈网站平台14126家，警告9626家，罚款处罚645家，暂停功能或更新809家，下架移动应用程序540款，会同电信主管部门取消违法网站许可或备案、关闭违法网站32937家，移送相关案件线索17631条；行政执法程序逐步完善，相继出台《网信部门行政执法程序规定》《工业和信息化行政处罚程序规定》，明确行政执法范围，为各级部门执法活动提供依据。网络普法成效显著，创新网络普法宣传形式，开展“全国网络普法行”系列活动，推动新时代法治宣传工作入脑入心，加强对未成年人等重点群体的网络普法工作。同时，智慧法院、数字检察等智慧司法建设水平不断完善，个人信息保护成为公益诉讼办案重点，案件办理数量显著增加；各部门协同联动，加大对电信网络诈骗的打击力度。

（七）网络空间国际交流合作广泛开展，积极推进构建网络空间命运共同体

党的二十大报告指出，中国积极参与全球治理体系改革和建设，践行共商共建共享的全球治理观，坚持真正的多边主义，推进国际关系民主化，推动全球治理朝着更加公正合理的方向发展。一年来，中国以构建网络空间命运共同体理念为指引，深入开展网络空间国际交流合作，积极搭建网络空间国际交流合作平台，持续深化网络安全等各领域合作，主动参与数字经济国际规则制定，加强全球网络空间热点问题治理合作研究，推动构建更加公平合理、开放包容、安全稳定、富有生机活力的网络空间。

积极提出网络空间国际治理的中国主张，凝聚全球共识。2022年11月，中国发布《携手构建网络空间命运共同体》白皮书，呼吁国际社会顺应信息时代发展潮流和人类社会发展大势，回应网络空间风险挑战，表达了中国同世界各国加强互联网发展和治理合作的真诚愿望。中国始终积极参与联合国网络空间治理进程，支持在联合国框架下制定全球性公约。建设性参与《联合国打击网络犯罪公约》谈判特设委员会举行的五次正式谈判会议，取得一系列积极成果。搭建网络空间国际交流合作平台，积极发挥负责任大国作用，举办自世界互联网大会国际组织成立后的首届年会、世界互联网大会数字文

明尼山对话等活动，不断凝聚各方智慧共识、持续深化数字合作。主动参与国际组织数字经济议题谈判，通过二十国集团（G20）、亚太经济合作组织（APEC）等多边机制，深化拓展数字经济领域双多边对话与合作。积极参与国际标准化组织（ISO）、国际电信联盟（ITU）等组织的信息技术领域标准制定工作，承担并起草的数百项国际标准被正式立项或发布，推进将中国创新成果上升为国际标准。

二、全国各省（自治区、直辖市）互联网发展情况

《中国互联网发展报告》自2017年起开始发布中国互联网发展指数，今年继续予以发布。中国互联网发展指数以习近平总书记关于网络强国的重要思想为指导，旨在通过构建客观、真实、准确的综合评价指标体系，对全国各省（自治区、直辖市，不含港澳台地区）互联网发展成效和水平进行综合评估，为各地进一步明确互联网发展的战略目标和重点，准确把握自身比较优势、地域优势和发展优势，推动网信事业朝着网络强国建设目标迈进提供借鉴。

中国互联网发展指数涵盖了信息基础设施、创新能力、数字经济、数字社会、网络安全和网络治理等六个方面，全面展现全国31个省（自治区、直辖市）的互联网发展状况，为各省（自治区、直辖市）发展互联网提供可量化的参考依据。今年的评价指数在2022年的指标体系基础上，综合考虑各地互联网发展的具体情况，充分吸纳了国家有关部门、部分省市、网信智库、相关领域专家的意见，进行了更新和完善，在保持原有指标基本不变的前提下，结合最新情况对部分指标进行调整，增加“数据要素价值化”等二级指标。具体情况如表0-1所示。

为确保数据的真实性、完整性、准确性，2023年中国互联网发展指数的评价数据主要有以下来源：一是中央网信办、国家统计局、国务院办公厅、工业和信息化部、科技部等部门和机构的统计数据；二是各省（自治区、直辖市）网信办统计的相关数据；三是相关部委或研究机构发布的研究报告的统计数据。

表0-1 中国互联网发展指标体系

一级指标	二级指标	指标说明
基础设施建设	宽带基础设施	百人互联网宽带接入人均端口数量、千兆宽带用户占比、固定宽带网络平均下载速率、农村及偏远地区宽带网络覆盖率等
	移动基础设施	5G网络用户下载速率、5G用户占比、5G基站总数占比等
	应用基础设施	IPv6活跃终端占比、数据中心数量、算力基础设施数量、物联网终端数量、工业互联网覆盖率等
创新能力	创新环境	上市网信企业数量、万人累计孵化企业数等
	创新投入	R&D经费支出占GDP比重、企业R&D研究人员占比、政府研发投入占GDP的比例等
	创新产出	万人科技论文数、万人国家级科技成果奖项数量、万人发明专利拥有量等
数字经济发展	基础数据	互联网普及率、电信业务总量、软件和信息技术服务业增加值占GDP比重等
	数据要素价值化	数据资源量、全要素生产率等
	产业数字化	关键工序数控化率、工业云平台应用率、农业生产信息化覆盖率、电子商务消费占最终消费支出比重等
	数字产业化	数字核心产业规模、电子商务交易规模、数字文化产业规模、农产品网络销售额等
数字社会发展	公共服务发展	远程医疗覆盖率、电子社保卡覆盖率、公共汽电车来车信息实时预报率等
	电子政务建设	政务事项在线办理程度、省级政务微信传播指数、十万人政务微博认证账号数等
网络安全	网络安全环境	被植入木马或僵尸程序的主机IP地址数、被植入后门及被篡改的网站数、感染主机占本地区活跃IP地址数量占比等
	网络安全意识建设	网络安全搜索指数、网络安全周系列活动受众人数占比、网络安全人才培养数量比重等
	网络安全产业发展	网络安全企业数量、网络安全从业人员比重、省级以上网络安全产业园区数量等
网络治理	社会协同	网络社会组织数量、网信部门编制人数占比、参与国际交流合作次数等

续表

一级指标	二级指标	指标说明
网络治理	内容治理	开展网络空间专项行动数量、APP治理情况、网民举报数量等
	依法治网	出台的网络领域相关战略、政策、法规和规范性文件，打击网络犯罪件数，约谈网信企业次数，互联网新闻信息许可数量等

（一）2023年中国互联网发展指数综合排名

基于中国互联网发展指标体系，我们对全国31个省（自治区、直辖市）进行互联网发展指数排名。总体来看，各省（自治区、直辖市）全面深入贯彻习近平总书记关于网络强国的重要思想，认真落实中央部署要求，结合各地实际，充分发挥自身优势，全面推进各地区互联网发展进程。在2023年中国互联网发展指数综合排名中，广东、北京、江苏、浙江、山东、上海、福建、四川、天津、湖北10个省（直辖市）的互联网发展水平位居全国前列。如图0-1所示。

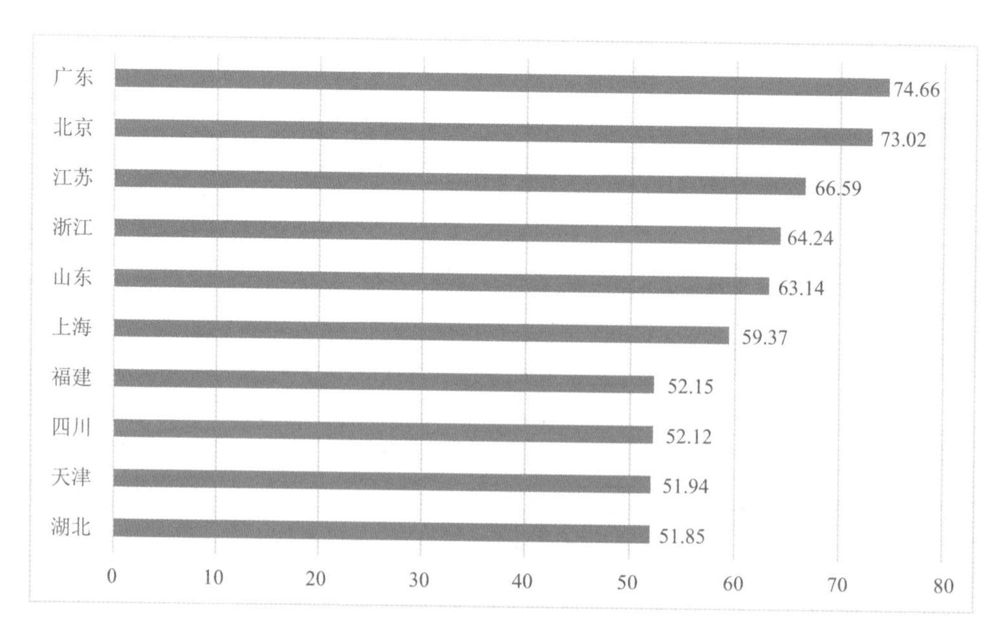

图0-1　2023年中国互联网发展指数综合排名前十的省（直辖市）

广东省统筹推进网络强省、数字广东建设。加快建设技术先进、全国领先的网络基础设施，累计建成5G基站23.2万座，5G网络实现所有县（区）主城区室外连续覆盖、所有乡镇主要区域基本覆盖，5G基站和用户规模均居全国首位。新型算力体系布局系统推进，加快打造全国一体化算力网络粤港澳大湾区国家枢纽节点韶关数据中心集群，推动一批重大项目建设，举办首届“东数西算”粤港澳大湾区（广东）算力产业大会。应用基础设施水平整体提升，加快服务型政务外网升级改造，优化200多种、约2亿张高频证照，为全省1666个政务服务系统提供身份认证服务。

北京市强化新技术创新应用，以国际创新中心建设为抓手，深入实施创新驱动发展战略，开展区块链、人工智能、集成电路等关键技术研发，突破了一批“卡脖子”关键核心技术。持续优化算力规模布局，环京地区支撑互补。大力培育数字经济企业。高水平举办全球数字经济大会，全面聚焦全球数字经济治理规则。成立北京国际数字经济治理研究院，筹办中国数字经济发展和治理学术年会。创新“互联网+文旅”融合发展模式，积极开展智慧文旅平台建设和文旅行业互联网技术创新应用的研究推广。开展2022年全民数字素养与技能提升月活动，促进首都市民更好使用数字产品和服务。

江苏省不断夯实互联网基础设施建设。2022年，全省加大接入网光纤入户建设改造，实现IPv6规模化部署应用，建成省IPv6发展监测平台，全省IPv6活跃用户数超4500万，移动网络IPv6流量占比达到46%。截至2023年3月，物联网终端用户达2.4亿户，全国排名第2位，万物互联基础不断夯实。推动数字技术全链条创新，至2022年底，全省累计获国家科学技术奖通用项目190项。加快培育以高新技术企业为主的数字经济创新型企业集群，开展创新型领军企业遴选，支持领军企业牵头组建创新联合体，引领带动数字经济创新发展。推动教育数字化转型，完善数字医疗健康服务，构建完善“苏适养老”养老服务体系，推动“智慧残联”信息化平台向纵深发展，积极发展数字乡村新业态，扎实推进数字乡村建设发展工程，大力提升乡村数字服务效能。

浙江省全年全省数字经济核心产业快速发展，正式启动未来产业先导区创建工作，围绕人工智能、未来网络、第三代半导体等重点领域，率先布局创建8个未来产业先导区。积极推进人工智能创新发展，形成了从核心技术研发、智能终端制造到行业智能化应用的完整产业链。成功开发“天权”后量子密码平台、“太元一号”等量子信息平台。在数字技术创新平台方面，之江实验室、阿里达摩院、清华长三角研究院等载体继续释放技术创新潜能。积极适应数字技术全面融入社会交往和日常生活新趋势，加快推动数字社会应用发展，促进公共服务和社会运行方式创新，构筑全民畅享的数字生活。积极打造数字文化大脑，持续推进网络视听创作业态发展，迭代升级“智慧文化云”“诗画浙江”平台，完善“浙里好玩”平台，推动“互联网+文旅”深度融合。

山东省持续推进通信网络基础设施建设，大力提升移动通信网络建设水平，持续扩大光纤宽带覆盖范围，深入推进IPv6规模部署和应用，网络侧IPv6改造基本完成，全省移动网络IPv6流量占比达47%。加快推进卫星互联网建设，全面建成自主可控的遥感卫星空间基础设施，齐鲁二号、齐鲁三号发射升空，同在轨的齐鲁一号卫星通过星间激光互联进行组网，是中国第一个基于激光通信互联的遥感卫星星座。济南超算构建起以济南、青岛为两极，覆盖全省的超算互联网关键技术研发和试验网，建成“神威·蓝光”第二代产品，“山河”超级计算平台综合算力处于国际前列，实现区域超算资源聚合。山东广播电视台围绕传播全链条，探索形成智云、智品、智传、智网、智库的“五智模式”，加速实现由融媒体向“智媒体”转型。举办2022山东网络文明周，开展“好网民·在山东”主题活动，线上线下覆盖3.4亿人次。

上海市持续推进“双千兆宽带城市”建设，实现全市域5G网络基本覆盖。深入推进IPv6规模部署和应用，扎实推进IPv6技术创新和融合应用试点工作。人工智能引领性成果集中涌现，“东海大桥自动驾驶场景”等18个场景入选工信部全国百个人工智能典型应用场景，总数为全国第一。打造品牌化数据产品，不断丰富上海数据交易所数据产品，涵盖金融、交通、工业、通信、航运、科创、能源等多个行业领域，推动数据从资源到资产的转变；积极探索完善数据产品及服务权益等标准规范，持续提升数据要素向高质量、知识型、品牌化数据产品的转化力度。完善数商生态体系，积极开展各类数商活动。持续推进智慧交通、智慧养老、数字乡村建设工作。加强数字技术赋能民政工作，全面推进数字社会建设。上海市委网信办指导属地主要音视频、网络文学、网络社交、网络直播等平台率先高标准、严要求地设置“青少年模式”，建立与之相适应的专属内容池，不断加大正能量内容供给。

福建省夯实数字基础设施底座，深入推进IPv6规模部署和应用改造。加快完善新型算力网络格局，不断提升数据中心使用率。加快推进北斗产业高质量发展，打造“北斗小镇”产业园区。持续推进区块链产业集聚发展。培育壮大数字产业集群，遴选培育打造首批物联网、人工智能、电子竞技、超高清视频等5个省级数字经济核心产业集聚区。加快数字社会建设步伐，城市管理信息化平台在设区市建成区的覆盖率达到99.7%。充分调动政府、企业、高校等各方力量，加强产学研合作，加快推进国家级网络安全教育技术产业融合发展试验区和福建省网络安全产业示范园区建设。

四川省抢抓入选国家数字经济创新发展试验区、成都入选国家新一代人工智能创新发展试验区、国家人工智能创新应用先导区的机遇，持续完善工业互联网体系建设，有序推进成渝地区工业互联网一体化发展国家示范区建设，抢抓“东数西算”工程重大战略机遇，统筹构建全省一体化大数据中心体系。依托5G、大数据、云计算等现代信息技术手段，推进城市精细化管理和智慧化服务。实施“双千兆乡镇通”工程，实现全省所有乡镇5G网络和千兆光网100%通达。坚持把网络综合治理体系建设与推进城乡基层治理、市域社会治理、平安四川建设有效结合，与做好两项改革“后半篇”文章有效结合，用互联网技术和信息化手段为基层治理赋能。

天津市发挥数字经济核心产业重要支撑作用，着力加强技术研发与创新。深入推进智慧医疗、智慧港口、智能网联车等“5G+细分行业”创新应用。打造涵盖芯片、操作系统、数据库、计算机整机、服务器、超算的完整产业链，以飞腾中央处理器（CPU）+麒麟操作系统为代表的“PK”体系，市场占有率突破80%。建设滨海新区人工智能创新应用先导区，搭建以超算天津中心为主体的先导区公共服务平台，为人工智能开发提供“算力、算法、数据、开发工具”一体化支撑环境。发挥信创海河实验室引领作用，启动“面向RISC-V架构的开源操作系统”“统一指令集及其配套IP和工具链”等9项重点课题。“天河三号”全球首款脑机接口专用芯片“脑语者”等一批重点新产品研发成功，达到国际先进水平。积极推进智慧城市建设，建成“智慧矛调”“惠民惠农政策直达”“慧眼识津”等49个“城市大脑”应用场景，推动智慧公共服务深入发展。

湖北省以数字经济赋能高质量发展，加速智慧社会建设。全面开展“千兆城市”建设，实施中小城市云网强基行动，促进全省所有县级城市云网融合加速演进，推动新一代信息技术保障能力下沉到县级城市，持续推动农村网络覆盖水平提升。武汉市正式获批创建国家区块链发展先导区，华中地区首个“星火·链网”骨干节点在汉阳率先上线。推动数字核心产业聚优势、提能级，武汉光电子信息产业集群获批国家级先进制造业集群。持续推进跨域通办，一体化政务服务能力不断提高，政务事项办理效率和便捷度大幅度提升。加快网络安全人才培养步伐，加强一流网络安全学院建设。工业互联网产业联盟湖北分联盟、人工智能产业联盟、武汉人工智能研究院等先后成立，不断加强数字湖北智力支撑。

（二）分项评价指数排名

基于中国互联网发展指标体系，2023年，在基础设施建设、创新能力、数字经济发展、数字社会发展、网络安全和网络治理6个方面的指数排名前十的省（自治区、直辖市）如表0-2所示。

表0-2　2023年分项评价指数排名前十的省（自治区、直辖市）

排名	基础设施建设指数	创新能力指数	数字经济发展指数	数字社会发展指数	网络安全指数	网络治理指数
1	江苏	北京	北京	江苏	广东	河北
2	北京	广东	广东	广东	北京	山东
3	广东	上海	上海	浙江	山东	浙江
4	天津	江苏	江苏	山东	上海	广东
5	山东	浙江	浙江	河南	浙江	江苏
6	浙江	天津	山东	安徽	江苏	福建
7	上海	山东	湖北	福建	福建	西藏

续表

排名	基础设施建设指数	创新能力指数	数字经济发展指数	数字社会发展指数	网络安全指数	网络治理指数
8	河南	湖北	天津	四川	四川	四川
9	湖北	福建	四川	北京	湖北	广西
10	广西	安徽	河南	河北	安徽	辽宁

1. 基础设施建设指数排名

各地深度布局数字基础设施建设，统筹推进网络基础设施、算力基础设施、应用基础设施等建设，大力推进数字基础设施体系化发展和规模化部署，促进数字基础设施和各领域深度融合。其中，江苏、北京、广东、天津、山东、浙江、上海、河南、湖北、广西的基础设施建设指数位居全国前十。江苏已培育8个省级工业互联网标识创新应用特色产业示范区和22家行业应用解决方案服务商。推荐12家建设单位获批工业互联网标识注册服务机构许可证，数量全国第一。广东累计建成5G基站23.2万座，实现5G网络所有县（区）主城区室外连续覆盖、所有乡镇主要区域基本覆盖，5G基站和用户规模均居全国首位。北京深入推进IPv6规模部署，全国TOP 200商业移动互联网应用中，北京属地89款APP的IPv6平均占比达到71.21%，其中12款IPv6流量占比超过90%，达到领先水平。

2. 创新能力指数排名

各地不断投入资金和人力支持数字技术创新，关键数字技术研发应用取得积极进展，在集成电路、人工智能、高性能计算、数据库、操作系统等方面不断涌现创新成果。其中，北京、广东、上海、江苏、浙江、天津、山东、湖北、福建、安徽的创新能力指数位居全国前十。北京建设人工智能新型基础设施“超大规模人工智能模型训练平台”（“九鼎”平台），算力规模已达到1000P，建设AI芯片生态实验室，加速国产AI芯片的生态发展。广东牢牢牵住数字关键核心技术自主创新这个“牛鼻子”，部省联动实施国家重点研发计划“新型显示与战略性电子材料”重点项目，推进“芯片、软件与计算”“区块链与金融科技”“智能机器人”等重大科技项目，有力支撑网信领域关键技术突破。上海人工智能实验室发布“OpenXLab浦源”体系和“书生2.0”大模型，通用视觉能力和开源开放效应进一步提升。江苏推动数字技术全链条创新。支持苏州工业园区加快建设国家新一代人工智能创新发展试验区核心区，发布65项新一代人工智能应用场景。

3. 数字经济发展指数排名

各地高度重视数字经济发展，聚焦数字产业化、产业数字化、要素价值化等方向，引导和支持建设一批专业化、特色化的数字产业集群，不断健全数字经济治理体系，数字经济核心产业规模和质效进一步提升。其中，北京、广东、上海、江苏、浙江、山东、湖北、天津、四川、河南的数字经济发展指数位居全国前十。2022年，北京数字经济实现增加值1.7万亿元，占GDP比重41.6%，数字经济的核心产业增加值达到了9958.3亿元，占全市GDP比重达到了23.9%。在数字产业化领域，软件和信息服务业规模效益持续领跑全国。浙江深入实施数字经济“一号工程”，2022年数字经济核心产业增加值达8977亿元，占地区生产总值比重达11.6%，数字经济核心产业营业收入达3.28万亿元。山东围绕钢铁、石化、食品等行业，“一业一策”明确转型目标和实施路径，全面提升企业数字化水平，入选国家平台创新领航应用案例31个、移动物联网应用典型案例11个、“数字领航”企业4个、新型工业化产业示范基地平台赋能数字化转型提升试点项目4个，均居全国第一。

4. 数字社会发展指数排名

各地扎实推进数字社会各领域建设，推动优质服务资源共享，教育、医疗、就业、养老等重点民生领域数字化水平大幅提升，精准化普惠化便捷化取得显著成效。其中，江苏、广东、浙江、山东、河南、安徽、福建、四川、北京、河北的数字社会发展指数位居全国前十。江苏开发“苏适养老”服务小程序，打造面向社会和公众的养老服务信息掌端汇聚平台，为全省老年人提供更高效、更便捷的养老服务信息流。搭建以“虚拟养老院”为主要形式的“互联网+养老”服务平台，涵盖紧急救援、家政服务、日常照顾、康复护理、家电维修、精神慰藉、法律维权和休闲娱乐等多个服务项目。浙江以“健康大脑+”为核心，积极打造全民健康服务体系，在智慧医疗、数字健康管理、智慧公卫等三个子领域上线各类数字化应用70余项，每日服务超1700万人次。福建积极推进智慧停车试点示范，拓展ETC智慧停车、加油等应用场景服务，减少跟车、蹭车，多举措保障市民出行。全省高速公路客车ETC使用率达75.15%，居全国首位。

5. 网络安全指数排名

各地不断加强网络安全工作战略谋划和顶层设计，持续提升网络安全保障能力，网络安全技术和产业蓬勃发展，开展形式多样的网络安全宣传活动，提升全民网络安全意识。其中，广东、北京、山东、上海、浙江、江苏、福建、四川、湖北、安徽的网络安全指数位居全国前十。广东开展“粤盾—2022”广东省数字政府网络安全攻防演练活动，开展卫生健康系统、医保系统和邮政快递领域数据安全和个人信息保护专项行动，整改安全风险隐患，完善安全防护体系。浙江扎实推进网络和数据安全技术和产业发展，强化数据安全和个人信息保护，出台全国首部公共数据领域的地方性法规《浙江省公共数据条例》及三项地方标准规范，加强数据安全监测预警。江苏实施《江苏省公共数据分类分级规范》等制度，加强公共数据风险防控。以政务外网、政务云、数据、应用为防护重点，构建涵盖安全管理中心、区域边界、通信网络以及计算环境的“一个中心、三重防护”的安全防护体系。

6. 网络治理指数排名

各地高度重视网络治理工作，着力推进互联网内容建设和网络文明建设，积极出台网络治理法律法规，夯实管网治网制度基础，持续整治网络生态问题。其中，河北、山东、浙江、广东、江苏、福建、西藏、四川、广西、辽宁的网络治理指数位居全国前十。河北严厉打击网上各类违法违规行为，不断提升网络素养。对严重扰乱互联网信息传播秩序、破坏网络生态的1134家网站依法关闭。组织全省网信系统深入开展《河北省网络生态文明公约》“五进”宣传活动220余场，深入社区、农村、校园、企业、公园等地，通过发放宣传册、现场讲解等方式，引导网民共同参与网络生态治理。山东组织开展“清朗”等系列专项行动46个，清理违规信息7.8万余条，关闭处置违法违规网站750余家、移动应用程序360余款，网络生态治理成效持续显现。广东将网络文明建设考核纳入文明城市测评指标，开展“南粤好网民”等系列活动630场次，有效构建网上网下“同心圆”。

三、中国互联网发展趋势展望

（一）数字经济逐步转向深化应用、优化结构、普惠共享的高质量发展新阶段

数字经济已经成为影响全球资源分配、产业格局、国际分工的重要因素。近年来，中国数字经济呈现蓬勃发展态势，总体规模连续多年位居世界第二，对经济社会发展的引领支撑作用日益凸显。但同时，中国数字经济发展还存在大而不强、快而不优等问题，如高端芯片、基础材料等关键领域创新能力不足，落后于国际先进水平；传统产业数字化发展相对较慢，部分企业数字化转型存在不愿、不敢、不会的困境。

未来，中国将加快发展数字经济，促进数字经济和实体经济深度融合，培育一批具有核心竞争力的生态主导型企业，加快打造具有国际竞争力的数字产业集群，在做大的基础上做强做优数字经济。不断提升“上云用数赋智”水平，提升新一代信息技术与第一、二、三产业融合发展，支持带动中小企业加快转型。加大新技术研发应用，使人工智能在农业、工业、金融、教育、医疗等重点领域广泛渗透，应用场景日趋多元化，催生智能制造的新模式新业态，成为数字经济发展新引擎。持续提升公共服务资源的数字化供给和网络化服务水平，持续加大适老化的数字产品供给，提升全社会数字素养和技能。

（二）数据基础制度逐步完善，推动数据要素市场可持续发展

当前，数据作为生产要素被愈加关注，全国多地密集开展数据要素市场建设，加速数据要素市场配置进程。加快构建竞争有序、成熟完备的数据要素市场体系，既是国家政策的指引，更是各市场主体的迫切需求。与此同时，由于数据要素具有可复制性、非标准化、权属关系复杂等特征，数据要素市场发展中还存在数据安全风险、信息孤岛、数据标准欠缺、经营主体信任缺失等问题。

未来，中国将加快构建“1+N”的数据要素制度体系，推动有条件的地方和行业开展数据要素流通使用先行先试，统筹构建多层次、多元化和场内场外相结合的数据要素市场体系。健全数据要素市场交易体系，完善数据交易市场管理制度，盘活全国数据交易市场，搭建协同高效的数据要素交易平台，充分激发数据要素价值。健全数据管理制度，破解数据要素市场壁垒，实现数据价值的流通和共享，同时规范数据共享、分级分类、有序流动，并积极参与相关领域国际标准制定。充分发挥多方力量协同治理，确保数据各主体合法合理权益，规范各市场主体权利义务，持续优化数据要素市场结构，围绕数据要素供给、流通等方面逐渐完善数据要素市场生态体系。

（三）新技术新应用新业态持续赋能网络内容建设，全媒体传播体系加速构建

党的二十大报告指出，要加强全媒体传播体系建设，塑造主流舆论新格局，推动形成良好网络生态，对网络内容建设管理提出了新要求。2023年是习近平总书记提出媒体融合发展十周年。十年来，传统媒体与新兴媒体加速融合，党的声音成为网络空间最强音，网络优质内容不断涌现，大数据、云计算、人工智能等技术推动媒体融合走深走实。但同时，媒体格局与舆论生态也正发生深刻变化，为网络内容建设提出了新任务新课题。网络水军、“自媒体”乱象、短视频沉迷等问题时有发生，监管盲区、版权纠纷等隐患齐现。新技术新应用新业态在赋能网络内容生产的同时，也潜藏着虚假信息传播、意识形态安全等风险。

未来，媒体融合将向加快构建全媒体传播体系的新阶段发展，主流媒体主动适应数字化发展的趋势，深耕优质内容生产，推出一批样态新颖、生动鲜活、内涵丰富的内容精品。创新内容传播形式，充分利用多元信息发布形式，不断提升传播成果。用好技术创新手段，抓住人工智能等新一轮技术突破、衍变的关键期，不断推动媒体向更精细、更高效、更智能方向的迭代升级。随着人工智能生成内容（AIGC）产业加速增长，商业化落地逐渐深入，产业生态逐步完善，人类信息传播方式将开启智能传播革命的新阶段，或将引发社会各层面、各领域的基础性变革。

同时，数字化智能化技术进步，将为数字文化的新应用、新体验、新消费创新发展提供更广阔舞台。公共文化数字内容的供给能力将不断增强，数字化文化消费新场景将极大拓展。针对滥用数字技术扰乱数字文化市场的网络乱象，广泛凝聚社会各方力量，持续开展专项整治，加强网络监管力度，加大对未成年人的网络保护力度，不断形成数字文化生态和网络内容供给向上向善健康发展的新局面。

（四）数据安全风险严峻，全社会加强数据安全保障能力建设

当前，数据安全事件频发，安全形势日益严峻。与典型的网络安全威胁相比，数据安全威胁更加复杂多样，尤其是生成式人工智能等新技术的出现加剧了数据安全风险，APP违法违规收集使用个人信息、数据权属不清等问题仍存在，数据泄露、数据滥用、数据攻击等事件频发，引起全社会广泛关注。

未来，中国将全面加强网络安全尤其是数据安全保障，持续完善政策法规和标准体系建设，夯实数据安全治理工作基础。着力解决数据安全领域的突出问题，持续开展APP违法违规收集使用个人信息处置工作，聚焦关键环节，加强数据安全和个人信息保护，有效提升治理能力。加强网络安全关键技术研发，通过技术手段支撑监管要求，将技术检测嵌入到数据保护尤其是个人信息保护的全流程。全面分析人工智能等新技术带来的风险隐患，及时研判，提升防范化解风险的能力。同时，在数据合规与企业数据保护的双重驱动下，数据安全产品和服务市场需求更加凸显，以数据为中心的安全投资将不断增长，数据安全产业的增速将进一步加大，持续举办国家网络安全宣传周，全社会网络安全意识和防护技能稳步提升。

（五）数字治理力度加大，持续优化数字化发展国内环境、加快国际数字合作进程

世界主要经济体纷纷完善本国数字治理体系，参与数字经济国际规则制定，不断争夺话语权。中国数字化发展面临着国内外双重挑战，从国内看，数字治理体系还需不断完善，平台经济治理配套实施细则亟待出台，数字经济国际治理参与度需进一步提升；从国际看，各国在数字经济治理上缺少足够共

识，难以形成有效治理模式与完整治理体系，同时，数字技术政治化给数字经济发展带来重大考验。

习近平总书记强调，“全球数字经济是开放和紧密相连的整体，合作共赢是唯一正道，封闭排他、对立分裂只会走进死胡同”。未来，在国内层面，中国将持续完善数字治理体系，不断加大对数据、算法等治理力度，规范平台经济竞争秩序，防止资本无序扩张，优化营商环境，实现数字经济与数字治理融合发展，逐步形成数字经济规范有序健康发展的良好环境。在国际层面，中国将积极参与联合国、世界贸易组织、亚太经合组织、金砖国家等国际组织数字领域的议题谈判和规则制定，并基于中国数字经济发展实践建言献策。进一步完善和维护双多边数字经济治理机制，并积极主动提供数字治理公共产品，弥补现有数字经济国际治理体系存在的不足，不断开创数字经济国际合作新局面。同时，继续加强同各国、各地区的交流合作，推动构建网络空间命运共同体。

第1章

数字基础设施建设

当前，新一轮科技革命和产业变革加速演进，世界各国纷纷把推进数字基础设施建设作为实现创新发展的重要动能，不断激活新应用、拓展新业态、创造新模式。在全球经济复苏乏力的背景下，数字基础设施以关键底座之力不断支撑引领着经济发展的新方向。习近平总书记多次对高质量推进数字基础设施建设作出部署。2023年初，习近平总书记在主持中共中央政治局第二次集体学习时强调："适度超前部署新型基础设施建设，扩大高技术产业和战略性新兴产业投资，持续激发民间投资活力。"中共中央、国务院印发的《数字中国建设整体布局规划》，明确提出"打通数字基础设施大动脉"，夯实数字中国建设基础。

一年来，中国持续推进数字基础设施体系化发展和规模化部署，通信网络基础设施、算力基础设施、新技术基础设施、应用基础设施稳步推进。截至2023年6月底，中国累计建成开通5G基站超过293.7万个，5G网络覆盖全国所有地级市、县城城区，5G移动电话用户数达6.76亿。全国已建成千兆城市110个，千兆接入用户突破亿级规模，移动网络IPv6流量首次突破50%。《数字中国建设整体布局规划》、"东数西算"工程等顶层设计，推动算力需求不断增长，算力基础设施建设进入快速增长期，在全球超级计算机TOP 500榜单上，中国以162台的上榜数量位列世界第一。量子技术发展步伐加快，在量子通信、量子计算等领域取得积极进展。车联网、物联网、工业互联网等应用基础设施蓬勃发展，产业生态不断壮大。

1.1 通信网络基础设施建设平稳推进

2022年，5G、千兆光网等网络连接规模持续扩大，电信业务收入和业务总量稳步增长，IPv6活跃用户规模位居世界前列，天基网络设施赋能增效成果显著。

1.1.1 5G进入规模化应用关键期

5G网络建设稳步推进。中国5G商用四年多以来，在各行各业的应用正在从“样板间”转变为落地案例，解决了很多行业和企业的数字化难题。截至2023年6月底，中国移动电话基站总数达1129万个，比2022年末净增45.2万个，5G基站总数达293.7万个，占移动基站总数的26%，三家基础电信企业的移动电话用户总数达17.1亿户，5G用户占比达三成以上，规模领先全球水平。[1]

5G应用场景持续深化。5G已全面融入52个国民经济大类，在工业、医疗、教育、交通、旅游等领域加速落地，应用案例数超5万个。在能源领域，5G与能源各行业不断融合创新发展，取得了积极的示范效应，国家能源局、工业和信息化部于2023年5月编制的《2022年度能源领域5G应用典型案例汇编》，聚焦智能电厂+5G、智能电网+5G、智能煤炭+5G、智能油气+5G、综合能源+5G、智能制造及建造+5G六个方向，从198个案例中遴选出33个典型案例。在金融领域，中国人民银行发布的《金融科技发展规划（2022—2025年）》，明确提出应用5G建设安全泛在的金融网络。2023年4月，交通银行与中国电信、华为联合发布《5G金融云专网技术及应用》白皮书，全面总结了交通银行5G金融云专网在技术架构和应用创新方面的最新成果。在医疗领域，“5G+医疗健康”应用试点项目中80%以上已完成网络覆盖。中国移动携手北京协和医院等全国2000多家医疗机构探索5G智慧医院建设，提供智慧医疗、智慧服务、智慧管理创新应用，助力“三医联动”数智化转型。

5G地空通信技术试验拓宽5G新应用。2023年5月，工业和信息化部批复中国移动使用4.9GHz部分5G频率资源，开展5G地空通信（5G-ATG）技术试验。5G-ATG是实现航空互联网高质量发展的重要技术路径之一，通过设置符合国际规则和国内规定的特殊基站及波束赋形天线，在地面与飞机机舱间建立地空通信链路，使乘客在机舱内通过无线局域网接入方式访问互联网。此次试验进一步提升5G网络覆盖的空间维度，拓展5G在航空互联网领域的新应用和新业态，更好满足航空旅客的互联网访问需求。

6G探索进一步深化。《中华人民共和国国民经济和社会发展第十四个五年规划和2035年远景目标纲要》（简称“‘十四五’规划”）和《“十四五”数字

1 “2023年上半年通信业经济运行情况”，https://www.miit.gov.cn/gxsj/tjfx/txy/art/2023/art_75d835da87d24c13aa5dc752b901aca7.html，访问时间：2023年8月。

经济发展规划》明确提出要前瞻布局6G网络技术储备，加大6G技术研发支持力度，积极参与推动6G国际标准化工作。目前，中国在6G超大规模多输入多输出、太赫兹通信、通感一体、内生AI通信、确定性网络、星地一体化网络等关键技术方面均取得重要进展。"2023全球6G技术大会"于2023年3月在南京召开，以"6G融通世界，携手共创未来"为主题，深入探讨6G网络变革与技术创新，增进国际6G合作，推动形成全球统一的6G标准与生态，为6G技术和未来产业发展注入新的活力和动力。大会发布了《全球协力推进6G国际合作发展倡议》，倡导创建共研共建共享平台，聚力全球智慧，推动优势互补、协同创新、资源共享、互利共赢机制落实落地。

1.1.2　光纤宽带网络覆盖范围进一步扩展

固定互联网宽带接入用户持续增长。全国已建成千兆城市110个，千兆接入用户突破亿级规模。固定宽带接入用户稳步增加，截至2023年6月底，三家基础电信企业的固定互联网宽带接入用户总数达6.14亿户，比上年末净增2468万户。其中，100Mbps及以上接入速率的固定互联网宽带接入用户达5.79亿户，占总用户数的94.2%；1000Mbps及以上接入速率的固定互联网宽带接入用户达1.28亿户，占总用户数的20.8%，比上年末净增3612万户。

光缆线路总长度稳步增加。截至2023年6月底，全国光缆线路总长度达到6196万公里，比上年末净增238万公里，如图1–1所示。其中接入网光缆、本地网中继光缆和长途光缆线路所占比重分别为62.6%、35.7%和1.8%，本地网中继光缆比重同比提高0.2个百分点。

千兆网络服务能力不断提升。截至2023年6月底，全国互联网宽带接入端口数量达11.1亿个，比上年末净增3457万个，如图1–2所示。其中，光纤接入（FTTH/O）端口达到10.6亿个，比上年末净增3855万个，占互联网宽带接入端口的96.2%。截至2023年6月底，具备千兆网络服务能力的10G PON端口数达2029万个，比上年末净增506.5万个。[1]

1　"2023年上半年通信业经济运行情况"，https://www.miit.gov.cn/gxsj/tjfx/txy/art/2023/art_75d835da87d24c13aa5dc752b901aca7.html，访问时间：2023年8月。

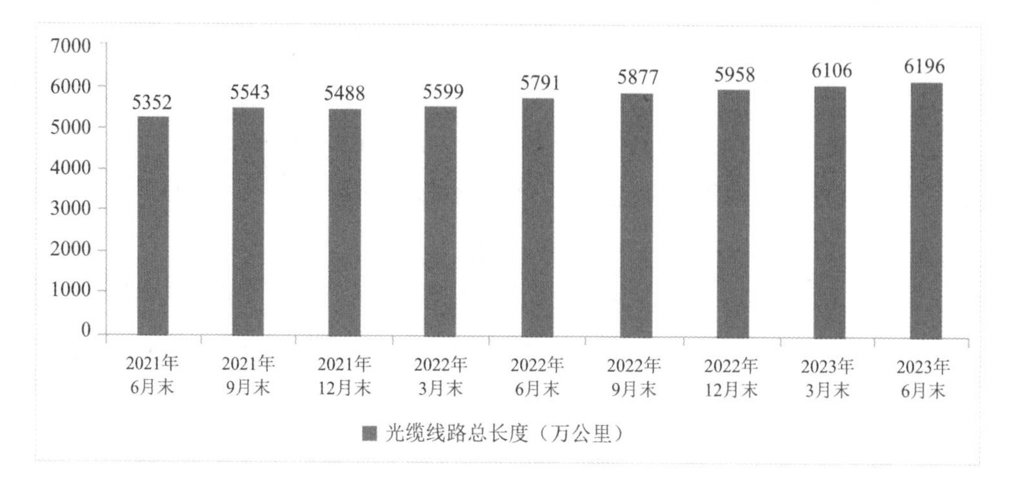

图1-1 光缆线路总长度发展情况

（数据来源：工业和信息化部）

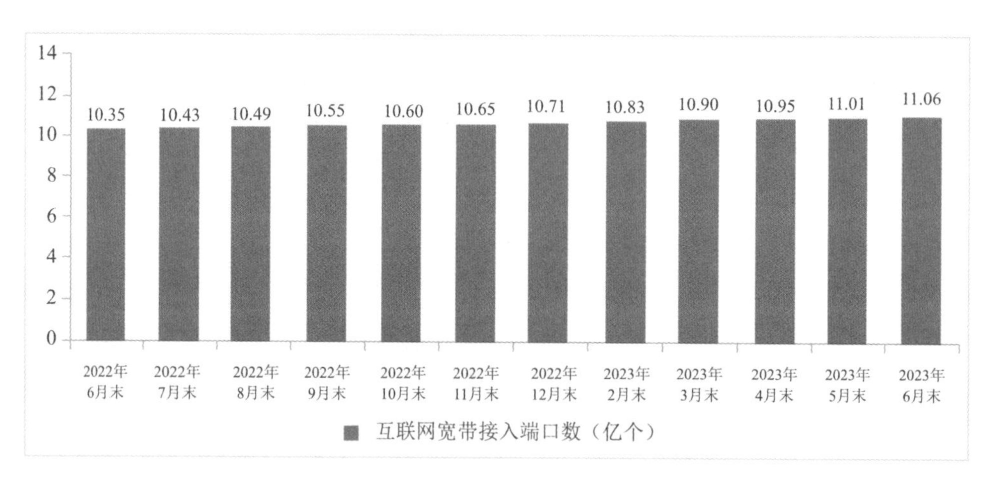

图1-2 互联网宽带接入端口数发展情况

（数据来源：工业和信息化部）

1.1.3 IPv6从“能用”步入“好用”阶段

IPv6是下一代互联网的发展基础，是网络强国、数字中国建设的重要内容，也是中国抓住全球互联网升级演进机会，加快网络基础设施升级、技术产业创新、经济社会发展的重要抓手。目前，中国IPv6网络已全面建成，IPv6

从“能用”步入“好用”阶段。截至2023年8月底，IPv6活跃用户达到7.62亿[1]，占互联网网民总数的71%，网络中IPv6流量超过了IPv4流量，标志着中国推进IPv6规模部署及应用迎来新的里程碑。中国移动全国IPv6活跃连接数达到9.4亿，中国联通已经基本具备全面承载IPv6业务能力，中国电信云网端到端IPv6改造已基本全面完成。

2023年4月，工业和信息化部、中央网信办、国家发展改革委等部门联合印发《关于推进IPv6技术演进和应用创新发展的实施意见》（以下简称《实施意见》），明确到2025年底，中国IPv6技术演进和应用创新取得显著成效，网络技术创新能力明显增强，“IPv6+”等创新技术应用范围进一步扩大，重点行业“IPv6+”融合应用水平大幅提升。《实施意见》围绕构建IPv6演进技术体系、强化IPv6演进创新产业基础、加快IPv6基础设施演进发展、深化“IPv6+”行业融合应用和提升安全保障能力等方面部署了重点任务，推动实施意见落地见效。同时，中央网信办等三部门印发《深入推进IPv6规模部署和应用2023年工作安排》，部署了强化网络承载能力、提升终端支持能力、优化应用设施性能等11个方面的重点任务，不断强化安全防护，扎实推动IPv6规模部署和应用向纵深发展。

1.1.4　天基网络设施赋能增效成果显著

1. 北斗卫星导航系统应用进入规模化发展阶段

习近平总书记在向首届北斗规模应用国际峰会所致贺信中指出，全球数字化发展日益加快，时空信息、定位导航服务成为重要的新型基础设施。随着北斗三号全球卫星导航系统的全面建成和开通服务，北斗规模应用正式进入市场化、产业化、国际化全面发展的新阶段。当前，北斗系统在轨卫星共45颗，包括北斗卫星二号15颗，北斗三号卫星30颗，所有卫星均在轨入网提供服务，卫星健康状态良好，在轨运行稳定。基本导航定位授时服务，空间信号保持稳定，近两年指标优于1米，空间信号连续性优于每小时0.998，可用性优于0.98。全球短报文通信、区域短报文通信、国际搜救、精密单点定位、星基增强、地基增强等特色服务，运行稳定可靠，均满足指标要求。

1　“国家IPv6发展监测平台”，https://m.china-ipv6.cn/complete/#/，访问时间：2023年8月。

国务院新闻办公室于2022年11月发布《新时代的中国北斗》白皮书，全面回顾了北斗的发展历程，展示了北斗系统形成的新服务能力及产业新发展。目前，北斗与大数据、物联网、人工智能等新兴技术深度融合，催生“北斗+”和“+北斗”新业态，成为赋能经济社会各行业发展的重要科技力量。

交通运输行业，北斗广泛应用于重点运输过程监控、公路基础设施安全监控、港口高精度调度监控等业务。2022年度，超790万辆道路营运车辆、超4万辆邮政快递干线车辆、超4.7万艘船舶、超1.3万座水上辅助导航设备、近500架通用飞行器应用北斗系统，全面提升交通信息化水平，显著降低重大交通事故发生率。

农林牧渔行业，基于北斗系统的农机自动驾驶系统超过10万台，北斗林业综合应用服务平台管理终端超10万台，北斗智慧放牧定位项圈超2万套，安装北斗船载终端的渔船超10万条，极大提高作业管理效率，提升农林牧渔业安全管理水平。

工程建设领域，北斗系统结合多传感器及互联网等技术，广泛应用于成昆铁路、甘肃S28高速公路、深圳妈湾跨海通道、新疆沙漠公路等工程建设，显著提升工程施工质量和效率，降低人工和材料成本投入。

大众消费领域，北斗逐渐成为智能手机、智能手表等可穿戴设备的标准定位功能配置。2022年支持北斗的智能手机出货量共计2.6亿部，占比达98.5%。2022年7月，北斗三号短报文通信服务成果发布，实现了北斗短报文通信以“不换卡、不换号、不加外部设备”方式融入智能手机。全球首次实现大众智能手机卫星通信能力，亚太区域用户也可享受到北斗三号短报文通信服务。基于北斗高精度定位的车道级导航功能，已在国内8个城市成功试点。同时，“定位查询”“绿灯导航”“共享位置报平安”等特色功能已应用于大众出行。

北斗卫星导航全球应用水平逐步提升。2022年11月，中国与国际搜救卫星组织四个理事国（加拿大、法国、俄罗斯、美国）签署政府间合作意向声明，正式成为国际搜救卫星组织空间段提供国。同期，国际海事组织海上安全委员会第106届会议通过决议，北斗短报文服务系统正式加入全球海上遇险与安全系统，标志着北斗短报文服务系统成为全球第三个通过国际海事组织认可的全球海上遇险与安全系统卫星通信系统。

2. 卫星互联网应用落地提速

自卫星互联网被正式纳入新基建三年以来，中国卫星互联网建设加速推进，应用越发广泛，技术水平迈上新台阶，从单颗卫星迈向组网星座，利用卫星视频通话的时长也从三分钟提高至半个小时以上。2023年4月，首次在偏远地区实现低轨卫星互联网在电力通信领域的测试应用，在没有地面通信基站的情况下，利用卫星信号也可以支撑电力巡检、应急保障等任务。中国企业自主研发的卫星互联网终端两分钟之内可以实现自动对星，并且能在车辆高速行驶过程中精准跟踪卫星。

近年来，很多卫星制造、火箭发射等领域的民营企业积极投入到卫星互联网建设中，带动卫星产业进入了一个新的发展阶段。中国卫星相关企业新注册量规模迅速增长，于2022年首次突破3万家。同时，相关部门陆续发布相关政策，大力推动卫星互联网、空天信息等产业发展，如北京市出台《北京市数字经济促进条例》，提出卫星互联网属于重点支持建设的信息网络基础设施之一；重庆市出台《关于加快推进以卫星互联网为引领的空天信息产业高质量发展的意见》，计划引进培育上百家专精特新企业，为整个产业链上下游提供完备支撑。

3. 遥感卫星应用进入快速发展期

卫星遥感技术是以卫星为平台，搭载多种传感器对地球表面进行观测，以获取地面的水、植物、土地、大气等一系列生态环境实况。同时，在发生紧急灾情时，遥感卫星还可以快速成像，观察受灾地点情况。近年来，中国遥感卫星进入快速发展期，在农业、自然资源、生态环境、水利、林草等重点行业实现由示范应用转为主体业务服务。在遥感卫星技术自主化方面，中国从数量、质量上均迈入了世界卫星对地观测的先进行列。国家航天局最新数据显示，目前中国在轨稳定运行的300千克以上的卫星有300余颗，居世界第二位。在轨遥感卫星200余颗，实现了16米分辨率卫星数据1天全球覆盖，光学2米分辨率数据全球1天重访，1米分辨率合成孔径雷达卫星对全球任意地区重访时间为5小时。在国家航天局去年开通的国家遥感数据与应用服务平台，可以方便地查询使用近十年中国的遥感数据。

1.2 算力基础设施建设进入快速增长期

《数字中国建设整体布局规划》、"东数西算"工程等顶层设计，有力地推动了中国算力需求不断增长。2022年，中国云计算、大数据服务收入保持增长，共实现收入10427亿元，同比增长8.7%，占信息技术服务收入的比重达14.9%。超算中心建设稳步发展，数家国家超算中心建成并投入运行。

1.2.1 数据中心建设向绿色化集约化发展

1. 国家政策鼓励建设绿色节能数据中心

2012—2022年的十年间，国家发展改革委等部门持续发布数据中心相关政策，对数据中心布局提出了区域集约化和用能绿色化的要求。2022年，《"十四五"数字经济发展规划》提出加快实施"东数西算"工程。在这十年间，国家政策导向始终立足于提升数据中心跨网络、跨地域数据交互能力，推进绿色数据中心建设。2023年2月，中共中央、国务院印发《数字中国建设整体布局规划》，推进数字技术与经济、政治、文化、社会、生态文明建设"五位一体"深度融合；建设绿色智慧的数字生态文明，加快数字化绿色化协同转型，倡导绿色智慧生活方式。在一系列政策引导下，中国数据中心朝着节能改造、持续提升可再生能源利用水平的方向发展。

工业和信息化部印发《新型数据中心发展三年行动计划（2021—2023年）》提出，到2023年底，新建大型及以上数据中心能源使用效率（PUE）降到1.3以下。硬指标与时间表的设定，进一步加快绿色数据中心的普及。工业和信息化部等部门公布的2022年度国家绿色数据中心名单中，涵盖通信、互联网、公共机构、能源、金融领域的43家数据中心入围。至此，中国已建成近200家国家绿色数据中心。

2. 数据中心产业迎来发展机遇

《数据中心白皮书（2022年）》[1]显示，近年来，中国数据中心机架数量稳步增长。2016—2021年间，数量从124万架增长至520万架，年复合增长率接

1 中国信息通信研究院:《数据中心白皮书（2022年）》，2022年6月。

近30%。2021年，中国2.5kw以上的数据中心机架数量为420万架，占总数量的80%。根据2022年工业和信息化发展情况新闻发布会数据，中国统筹布局数据和算力设施建设，在用数据中心机架总规模超过650万标准机架，算力总规模近五年年均增速超过25%。在新基建、数字化转型等政策与市场环境的影响下，中国数据中心市场规模呈现高增长态势。根据国际数据公司（IDC）预测，2030年中国数据中心产业市场规模将达到4036亿元，其中服务器、制冷系统、配电系统规模占比排名前三，是未来市场规模最大的领域。从增长率来看，制冷系统与配电系统的复合增长率将分别达到20%与12%，市场增长空间广阔，也为相关企业带来了巨大的发展机遇。[1]

1.2.2 云计算应用增速放缓

IDC报告显示，新冠疫情影响了全球IT市场环境的发展。全球公有云市场企业用户不稳定因素增加，上游企业预算缩减与建设周期的持续延长对公有云市场发展造成一定阻碍，中国公有云服务市场增长稳中有降。根据IDC发布的《中国公有云服务市场（2022下半年）跟踪》报告，2022年下半年中国公有云服务整体市场规模达到188.4亿美元，阿里云、华为云、中国电信天翼云、腾讯云和亚马逊为市场排名前五位，如图1-3所示。其中，基础设施即服务（IaaS）市场同比增速15.7%，平台即服务（PaaS）市场同比增速为31.8%。但IaaS+PaaS市场有增速明显放缓的趋势，2022年下半年同比增长19.0%，与2021年下半年同比增速相比下滑23.9%，与2022年上半年同比增速相比下滑11.6%。市场调查机构Canalys统计数据显示，2023年二季度中国地区的云基础设施服务支出达到87亿美元，同比增长19%。

2023年以来，中国云厂商集体拓展海外市场，东南亚、中亚、欧洲等地成为热门出海地区。阿里云宣布未来三年将投入70亿元，继续拓展国际生态，并在欧美亚多地增设6个海外服务中心。华为云正在全球29个区域170多个国家和地区布局。腾讯云宣布成立出海生态联盟，通过在全球五大洲26个地区的运营，为客户本地化运营提供强有力的支持。但在中国云厂商出海的同时，本土

1 “‘东数西算’工程正式启动，数据中心产业发展趋势全面解读”，https://m.thepaper.cn/newsDetail_forward_18016459，访问时间：2023年7月。

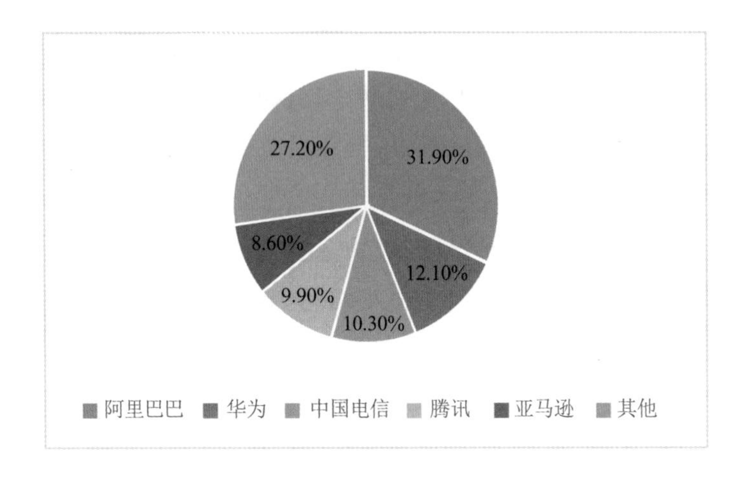

图1-3　2022年下半年中国Top 5公有云IaaS+PaaS厂商市场份额占比

（数据来源：国际数据公司）

云市场也吸引着大量的海外云厂商。IDC报告指出，如果仅统计中国企业使用海外公有云资源，且计收在中国的业务，亚马逊云科技（AWS）已占据近3/4的市场份额。

当前，云服务已从最初的概念发展到普及和广泛应用的阶段。虽然2022年国内云计算市场的整体增速放缓，但依然充满希望。IDC预计，未来五年，中国整体云计算市场复合增长率将达到20%左右。

1.2.3　边缘计算市场快速增长

1. 国家战略支持边缘计算发展

作为信息通信技术与运营技术融合的支撑，边缘计算有望迎来产业重大发展的机遇期。2022年初国务院印发《“十四五”数字经济发展规划》，明确了“加强面向特定场景的边缘计算能力”的要求。工业和信息化部、应急管理部印发的《“工业互联网安全生产”行动计划（2021—2023年）》提出，发展边缘计算是打造基于工业互联网的安全生产新型能力的重点任务之一。同时，工业和信息化部与国家发展改革委还先后在“新一代宽带无线移动通信网”国家科技重大专项以及“互联网+”、人工智能创新发展和数字经济试点重大工程中设立边缘计算相关的技术研发、试验验证与示范工程建设等重点项目，支持边缘计算产业发展。

2. 边缘计算市场将快速增长

根据IDC发布的报告，中国边缘计算服务器市场在2022年保持显著增长。边缘专用服务器总出货量达到3.4万台，同比增长88%。5G和人工智能技术的发展推动了中国边缘计算的增长，基于大数据、人工智能/机器学习（AI/ML）的边缘智能是当前边缘解决方案的主要形式。公共事业、电信、IT服务、政府和能源领域的边缘计算需求快速增长，互联网和服务公司加快采用专门设计的服务器来支持边缘基础设施建设。IDC预计，2027年中国边缘计算服务器市场将达到111亿美元。[1]

1.2.4 超算中心提供更多公共计算服务

全球超级计算机知名榜单TOP 500始发于1993年，由国际组织“TOP 500”编制，每半年发布一次。在2023年5月发布的最新一期TOP 500上，中国的“神威·太湖之光”和“天河2号A”分别排名第七和第十。在上榜超算系统数量方面，中国占据162台，较欧盟、美国分别多31台、36台，稳居世界第一。在总算力方面，美国以43.2%的占比排名第一，日本以19.6%居于第二，中国以10.6%位列第四。

截至2023年6月，中国已建成了十余家国家超算中心。2022年，太原先进计算中心建设项目顺利通过验收，中心依靠强大的算力和高效的存储性能优势，引入各行业、各领域的优势单位，建设面向行业客户的先进计算服务平台，携手发掘应用场景客户，为行业客户提供从资源供给到应用落地的一体化应用服务。西安超算中心建设项目也在2023年8月顺利通过验收，该中心基于先进的计算基础设施，开展先进计算交叉科学研究，提供公共计算服务，立足陕西、面向西北，辐射“一带一路”，支持科技创新，服务数字经济。

1.3 新技术基础设施建设取得较大突破

人工智能与5G、云计算、大数据等数字技术融合创新，成为赋能各行各业发展的新型基础设施，为数字经济的发展和产业数字化转型提供底层支撑，

1 国际数据公司：《中国半年度边缘计算市场（2022下半年）跟踪》，2023年6月。

应用已延伸到数字金融、物联网、智能制造、供应链管理、数字资产交易等多个领域。量子通信、量子计算等技术取得较大的突破，有望在部分行业实现大规模应用。

1.3.1 人工智能产业加速发展

1. 多地出台政策助力人工智能产业加速发展

2023年以来，多地密集发布人工智能利好政策，打造以人工智能为主的数字经济新生态。5月，上海市印发《上海市加大力度支持民间投资发展若干政策措施》，充分发挥人工智能创新发展专项等引导作用，支持民营企业广泛参与数据、算力等人工智能基础设施建设。同月，深圳市发布《深圳市加快推动人工智能高质量发展高水平应用行动方案（2023—2024年）》，在强化智能算力集群供给、增强关键核心技术与产品创新能力、强化数据和人才要素供给等方面提出了建设方案。同时，北京市发布两项政策促进人工智能行业发展，一是《北京市加快建设具有全球影响力的人工智能创新策源地实施方案（2023—2025年）》，提出到2025年北京市人工智能技术创新与产业发展进入新阶段，人工智能核心产业规模达到3000亿元，辐射产业规模超过1万亿元；二是《北京市促进通用人工智能创新发展的若干措施》，围绕算力、数据、模型、场景和监管五大方面，提出了21条具体措施。这一系列政策有望引导企业、市场等创新资源优化配置，推动人工智能技术、产业的变革升级。

2. 生成式人工智能成为研发热点

2022年11月，美国OpenAI公司研发的ChatGPT引发了生成式AI的技术革新，其在教育、医疗、设计等领域的大量应用场景将给经济、政治、文化、社会、生态文明建设等领域带来广泛而深刻的影响。国内公司也纷纷加入此赛道，华为、腾讯等已先前布局盘古大模型、混元助手等产品。2023年2月，复旦大学自然语言处理实验室发布了语言模型MOSS，面向大众公开邀请内测。2023年3月，百度发布的“文心一言”具备跨模态、跨语言的深度语义理解与生成能力，其关键技术包括监督精调、人类回馈的强化学习、知识增强、检索增强和对话增强等，同时还具有多模态生成功能，可以生成文本、图片、音频和视频等。2023年7月，国家互联网信息办公室联合国家发展改革委、教育部、科技部等七部门发布《生成式人工智能服务管理暂行办法》，首次对生成式人工智能研发与服务作出明确规定，是全球首部针对生成式人工智能进行监管的法律文件。8家首批通过备案的大模型公司于8月31日起正式上线，包括抖音的“云雀”、清华系AI公司智谱华章旗下的“智谱清言”以及中科院的“紫东太初”。

3. 人工智能计算中心不断涌现

人工智能计算中心（简称“智算中心”）是建设国家新一代人工智能创新发展试验区的重要基础设施，可为人工智能提供强大的算力支持。中国智算中心的建设主要在扩大规模和提升能力上支撑国家科技创新和数字经济的发展。根据国家信息中心与相关部门联合发布的《智能计算中心创新发展指南》，目前全国超过30个城市正在建设或提出建设智算中心。这些中心采用最先进计算技术和设备，为国家各行业提供人工智能等方面的计算支持和服务，为中国科研机构、企业和政府部门提供强有力的技术支持和计算资源。

2022年12月，粤港澳大湾区首个国产化智能算力服务中心“中国智算中心”正式挂牌，为建设万亿产业“集群地”、打造粤港澳大湾区高质量发展核心引擎提供强大基础支撑。2022年12月，天津人工智能计算中心项目一期工程顺利完工，算力设备“Atlas”上线试运行。该项目位于天津市河北区，总建筑面积1.57万平方米，总投资约12.7亿元，可提供300P人工智能算力系统，中心机房建设采用预制模块化方案，通过人工智能训练算力，高效服务人工智能模型训练场景。2023年2月，河北人工智能计算中心项目进入设备安装和调试阶段，项目总投资5.9亿元，建筑面积1.2万平方米，是河北省唯一的人工智能计算中心，数据中心主体采用预制模块化机房建设，整装设备实现全工厂预制，规划建设100P计算能力，助力智能制造、智慧交通、智慧医疗等场景应用孵化。

1.3.2　区块链基础设施加速发展

1. 加强区块链政策布局

各级政府部门陆续出台区块链政策文件，鼓励区块链技术创新、应用落地。“十四五”规划将区块链作为新兴数字产业之一，提出以联盟链为重点发展区块链服务平台和金融科技、供应链金融、政务服务等领域应用方案等。随后，各部委陆续出台“十四五”各行业各领域发展规划，对利用区块链技术促进经济社会高质量发展做出了战略部署。根据《区块链白皮书（2022年）》[1]，截至2022年9月，已有29个省区市将发展区块链技术写入“十四五”规划，出台区块链产业相关政策共319份，涵盖政府数据共享、金融、供应链及物流、医疗卫生、农业等多个行业或领域。北京市提出利用区块链技术加速政府数据共享、提升行政审批效率，加强跨境金融区块链服务平台应用。上海市提出发展区块链应用，探索Web3.0技术研发和生态化发展，构建基于区块链的医疗健康平台，探索安全可信的医疗健康数据共享解决方案。河南、山东、四川、云南、重庆等提出进一步建设区块链基础设施。广东、贵州、辽宁、山东、重庆等提出探索区块链在金融业的应用。

2. 区块链基础设施加速发展

2023年2月，福布斯发布2023全球区块链50强，蚂蚁集团、百度、中国建设银行、中国工商银行、腾讯、微众银行6家企业入榜。从区块链产品形式看，腾讯、百度、蚂蚁、华为、京东等企业推出联盟链平台、BaaS、开放联盟链、行业解决方案等综合性区块链产品和服务。截至2022年11月，国内已涌现出长安链、星火链网、超级链开放网络、至信链开放联盟链、蚂蚁开放联盟链、BSN开放联盟链、众享链网、智臻链开放联盟网络、旺链VoneBaaS等十余种产品服务，且数量仍在不断增加，区块链网络不断下沉，为用户提供更便捷的服务，用户数量也取得了快速增长。近年来，中国区块链项目热度持续不减，并有明显上升的趋势。自2019年起，每年有500个左右的项目获得国家网信办备案批准，总备案项目超2600个。2022年已公布的备案项目数量达719个，在已公布的备案项目中，超八成项目由中小企业申报，中小企业已经成为中国区块链产业发展中的重要力量。

1.3.3 量子技术发展步伐加快

量子技术作为保障社会信息安全的关键技术，有望在电子政务、金融行业、电子商务、电子医疗、军事国防、电力行业等多个领域市场实现大规模应用。近年来中国陆续出台量子计算支持政策，形成国家—地方的完整体系。

1 中国信息通信研究院:《区块链白皮书（2022年）》，2022年12月。

“十四五”规划明确提出“瞄准人工智能、量子信息、集成电路前沿领域，实施一批具有前瞻性、战略性的国家重大科技项目”；2022年中央经济工作会议首提量子计算，明确加快量子计算研发和应用推广。2022年，上海、北京、河南、广东、四川、江西等省（自治区、直辖市）均出台政策支持方案。例如，2022年9月，上海市印发《上海打造未来产业创新高地发展壮大未来产业集群行动方案》，提出布局及打造未来产业集群的目标，并在打造未来智能产业集群时，强调围绕量子计算、量子通信、量子测量，积极培育量子科技产业，同时推动量子技术在金融、大数据计算、医疗健康、资源环境等领域的应用；2022年10月，北京发布《关于加快建设高质量创业投资集聚区的若干措施》，明确加强与北京市科技创新基金联动，共同发起设置人工智能、生命科学、量子计算等前沿科技的创投基金支持。

量子通信方面，中国实现了世界上第一个量子卫星“墨子号”的发射，并成功开展了卫星间的量子通信，为量子密钥分发和量子通信网络建设奠定了基础。2022年5月，中国“墨子号”卫星实现1200千米地表量子态传输新纪录。目前中国在国际上率先实现了广域量子保密通信技术路线图，在国际标准化方面也取得了积极进展。特别是2022年以来，量子通信行业快速发展，市场规模稳定扩大，国内的三大运营商也加快了量子通信的布局步伐。中国电信发布了基于量子信息技术的VoLTE加密通话产品——天翼量子高清密话，该产品采用国产定制手机、量子安全SIM卡和国密算法“三重保护”，在保障终端原生支持、VoLTE高清通话基础上，为用户提供“管—端—芯”一体化安全防护，并带来科技、时尚、安全和便捷的保密通信新体验；中国移动与本源量子首次签署合作协议，为5G及6G面临的算力瓶颈探索量子算法解决方案，同时，宣布将发布量子加密通话业务，提供安全的量子通信业务；中国联通发布《云时代量子通信技术白皮书》，探讨了量子通信技术与传统信息通信技术的融合发展与应用。2022年，中国科学技术大学郭光灿院士团队在量子密钥分发网络化研究方面取得重要进展。科研团队实现了抗环境干扰的非可信节点量子密钥分发网络，全面提高了量子密钥分发网络的安全性、可用性和可靠性，向实现下一代量子网络迈出了重要的一步。2023年5月，中国科学技术大学与清华大学、济南量子技术研究院、中国科学院上海微系统与信息技术研究所等合作，通过发展低串扰相位参考信号控制、极低噪声单光子探测器等技术，实现了光纤中1002公里点对点远距离量子密钥分发，不仅创下了光纤无中继量子密钥分发距离的世界纪录，也提供了城际量子通信高速率主干链路的方案。

量子计算方面，硬件系统研发仍处于多种技术路线并行发展的阶段，包括超导、光量子、离子阱等。编译开发与算法应用软件领域也是百家争鸣，既有开源社区，也有科技巨头构建生态。据不完全统计，截至2022年9月，全球量子技术投资总额已达160亿美元。其中，中国量子信息初创企业获得市场高度关注，通过社会资本股权投资和证券市场上市融资等形式获得大量资金支持，近两年来呈现爆发式增长趋势。2023年1月，国内首个量子人工智能计算中心——太湖量子智算中心在无锡市滨湖区揭牌，该中心由上海交通大学无锡光子芯片研究院联合上海图灵智算量子科技有限公司共同建设，将依托国家超级计算无锡中心的技术力量，打造“量子—经典”混合架构平台，提供量子人工智能应用所需算力、数据和算法服务的公共算力新型基础设施，打造国内算力基础设施新标杆。

量子测量方面，量子精密测量是测量技术演进和发展的趋势，当前量子测量技术和应用发展的主要方向包括基于量子时间频率基准的授时定位、基于量子陀螺的自主姿态控制与导航、基于量子微弱磁场测量的金属目标探测或生物磁信号成像等。多类型量子测量样机和产品正在航天、国防、医疗、环保和科研等领域探索应用。中国在该领域的专利申请数量全球领先，占比为49%，美国的专利数量占比为32%。[1] 2023年9月，以“协同创新，量点未来”为主题的2023量子产业大会在安徽省合肥市举办。其中，国网安徽电科院发布的“电力系统电流量子精密测量解决方案”创新成果，可广泛应用在电力系统超特高压交直流电网、柔性直流电网、配电网、新能源发电、电动汽车等以及计量标准溯源等各类场景，推动电力系统电流测量技术革新。

1.4 应用基础设施蓬勃发展

在国家政策及新基建战略部署的推动下，中国车联网已经初步完成产业电

1 中国信息通信研究院:《量子信息技术发展与应用研究报告（2022年）》，2023年1月。

动化，在技术创新、应用示范、产业生态构建等方面走在了世界前列。物联网作为支撑数字经济的关键基础设施，应用领域深入工业、农业、环境、交通、物流、安保、家居、医疗健康、教育、金融、旅游等社会经济生活的方方面面。工业互联网作为新一代信息技术与制造业深度融合的产物，通过对人、机、物的全面互联，构建起全要素、全产业链、全价值链、全方位连接的新型生产制造和服务体系，是制造业数字化、智能化转型的关键综合信息基础设施。

1.4.1　车联网迎来建立新格局重要窗口期

1. 车联网用户规模不断扩大

工业和信息化部数据显示，2022年中国搭载辅助自动驾驶系统的智能网联乘用车新车销售量达700万辆，同比增长45.6%；新能源汽车辅助自动驾驶系统搭载比例达48%。据中国信息通信研究院发布的《车联网白皮书》，预计到2025年中国智能汽车市场规模将近万亿元。越来越多的汽车制造商开始将车联网技术纳入其产品开发和营销战略。例如广汽传祺、比亚迪等国内汽车品牌都在车联网领域取得了一定的成绩，并将进一步加强布局。智能汽车是车联网技术应用的重要领域，截至2022年底，中国智能汽车市场规模已经达到约2700亿元。预计到2025年，中国车联网行业渗透率将超过75%，车联网用户规模将超过3.8亿辆。

2. 车联网先导区示范部署进一步扩大

2023年4月，继无锡、长沙、天津以及重庆两江新区后，工业和信息化部再次发布国家级车联网先导区，支持襄阳、德清、柳州三地创建国家级车联网先导区，并分别确定了主要任务和目标。至此，全国已有7地获批创建国家级车联网先导区。目前，全国已累计开放超过9000公里测试道路，发放测试牌照超过1900张。

3. 车联网技术取得新进展

当前，中国在智能网联汽车产品、车联网无线通信技术、路侧系统与应用服务平台等领域取得突破，开展了一系列丰富的技术产业化实践。L2级别自动驾驶技术成熟应用并进入市场普及期，LTE-V2X快速产业化，形成了覆盖芯片模组、终端、整车、安全、测试验证、高精度定位及地图服务等环节的完整链条。路侧感知系统测试评价体系不断完善，车联网“边缘—区域—中心”

多级架构平台成为行业共识。在关键零部件方面，新一代电子电气架构、车用操作系统、大算力计算芯片、激光雷达等关键技术取得突破。拥有多重技术优势的智能网联汽车，已成为市场各方追捧的对象。在2023年上海国际车展上，各大车企争相展示品牌旗下最新研发成果以及未来技术趋势，引发众多消费者关注。其中，智能网联汽车、无人驾驶座舱、沉浸式体验等，让人们领略到科技生活的独特魅力。融合了物联网、云计算、大数据、人工智能等多种创新技术的智能网联汽车，已成为全球汽车市场共同发力的目标。

1.4.2 物联网保持高速发展

1. 移动物联网连接数持续增长

2022年8月，中国移动物联网连接数首次超过移动电话用户数，正式成为全球主要经济体中首个实现“物超人”的国家。工业和信息化部数据显示，截至2022年底，移动物联网连接数增至18.45亿户，比2021年底净增4.47亿户，占全球总数的70%。工业和信息化部统计数据显示，截至2023年6月底，中国电信、中国移动、中国联通三家基础电信企业蜂窝物联网终端用户21.2亿户，比2022年末净增2.79亿户，占移动网终端连接数（包括移动电话用户和蜂窝物联网终端用户）的比重达55.4%。中国信息通信研究院预计，到2030年，中国移动物联网连接数将达到百亿级规模。根据《2022年移动物联网发展报告》[1]，中国已经初步形成NB-IoT、4G和5G多网协同发展的格局，网络覆盖能力持续提升，相关创新应用活跃。

2. 产业生态持续拓展

目前，中国已形成涵盖芯片、模组、终端、软件、平台和服务等环节的较为完整的移动物联网产业链。在移动物联网芯片模块市场格局方面，中国供应商持续发力，2022年第三季度前五大物联网模块供应商都来自中国，分别是移远通信、广和通、日海智能、中国移动和美格智能。[2]在政策与技术推动下，服务于公共事业的智慧终端如智能水表、电表、气表等应用数量增长速度明显加

1 中国信息通信研究院:《2022年移动物联网发展报告》，2022年11月。

2 中国工业互联网研究院:《中国工业互联网平台创新发展报告》，2023年5月。

快，增速达19.2%。窄带物联网已形成水表、气表、烟感、追踪类4个千万级应用以及白电、路灯、停车、农业等7个百万级应用。移动物联网终端应用于公共服务、车联网、智慧零售、智慧家居等领域的规模分别达4.96亿户、3.75亿户、2.5亿户和1.92亿户，行业应用正不断向智能制造、智慧农业、智能交通、智能物流以及消费者物联网等领域拓展。[1] 5G、云计算、人工智能等数字技术加速万物互联进程，未来移动网络连接的重点将加速从“人”向“物”转变。

1.4.3 工业互联网发展前景广阔

1. 政策和举措持续出台

工业互联网作为新型基础设施建设的重要组成部分，是推动数字经济与实体经济深度融合的关键。为促进工业互联网产业的发展，国家相关部门陆续出台了一系列政策文件，如2023政府工作报告提出“支持工业互联网发展，有力促进了制造业数字化智能化”，《“十四五”数字经济发展规划》《“十四五”智能制造发展规划》《“十四五”信息化和工业化深度融合发展规划》《扩大内需战略规划纲要（2022—2035年）》等提出深入实施工业互联网创新发展战略，促进数据、人才、技术等生产要素在传统产业汇聚，推动企业加快数字化改造。

工业和信息化部持续推动《工业互联网创新发展三年行动计划（2021—2023年）》，研究制定促进工业互联网规模化发展的政策举措，完善顶层设计，充分利用财税金融相关政策，加强产融合作和产教结合，为工业互联网发展营造良好的环境。加强技术创新、实施工业互联网创新发展工程，打破制约规模化发展的关键短板，完善标准体系。深化产业创新，支持电信企业、互联网平台企业、工业企业等各类市场主体发挥各自优势，加强联动协同，培育工业互联网龙头企业和“专精特新”中小企业，壮大工业互联网产业联盟，打造健康可持续的产业生态。在推动实施先进工厂培育方面，促使企业积极利用5G等技术进行工厂数字化改造，推进新技术、新场景和新模式的广泛应用。加快产业集群升级，开展工业互联网“百城千园行”活动，总结和推广成功案例，促进工业园区的数字化和绿色化发展。

1 “中国移动物联网连接数占全球70%”，http://paper.people.com.cn/rmrbhwb/html/2023-01/31/content_25962190.htm，访问时间：2023年7月。

2. 标准体系逐步完善

随着工业互联网的深入发展，各行业也逐步建立起相应的技术规范和行业标准，推动各行业的规范化和标准化，提高了行业整体水平。2023年5月，国家市场监督管理总局（国家标准化管理委员会）发布《中华人民共和国国家标准公告》（2023年第2号），正式批准《工业互联网平台选型要求》《工业互联网平台微服务参考框架》和《工业互联网平台开放应用编程接口功能要求》，这一系列标准的发布对于完善工业互联网平台标准体系、提升多样化工业互联网平台供给能力以及推动工业互联网平台高质量发展具有重要意义。《工业互联网平台选型要求》为平台需求方提供了参考依据，帮助企业评估工业互联网平台的赋能水平，选择适合自身需求的工业互联网平台。《工业互联网平台微服务参考框架》《工业互联网平台开放应用编程接口功能要求》为平台供给方提供了指导，引导企业开发工业微服务和应用接口，加速工业知识的模型化积累和平台的互联互通，为构建工业互联网平台生态奠定基础。

3. 工业互联网高效赋能各行各业

工业互联网是新型工业化战略性基础设施，是数字经济和实体经济深度融合的关键底座。随着5G、人工智能、边缘计算等新技术的发展，工业互联网已从制造业向实体经济各领域延伸。同时，工业互联网的发展促进了产业链协同，通过连接供应商、制造商、零售商等，实现供应链和价值链的协同，促进了产业整合和优化。截至2023年2月底，工业互联网已覆盖45个国民经济大类、166个中类，覆盖工业大类的85%以上。在制造业、能源、交通、医疗、金融等行业中，越来越多的企业开始实施工业互联网方案，用来提高生产效率、降低成本、提升客户体验。2023年一季度，工业和信息化部发布了5G工厂、工业互联网园区、公共服务平台等218个工业互联网试点示范项目，打造一批应用实践样板，带动工厂、园区“知网、用网”“敢转、会转”，加快数字化转型。国家发展改革委行业发展统计数据表明，2022年工业互联网平台发展指数较上年增长17.23%，连续4年保持15%以上的增幅。2023工业互联网大会发布的数据显示，目前中国工业互联网产业规模已经超过1.2万亿元，有一定影响力的工业互联网平台超240家，服务企业超过26万家。

第2章

数字经济发展

发展数字经济是把握新一轮科技革命和产业变革新机遇的战略选择。党的二十大报告指出，加快发展数字经济，促进数字经济和实体经济深度融合，打造具有国际竞争力的数字产业集群，发展数字贸易。随着顶层设计持续优化完善，数字经济已成为中国构建新发展格局、推动现代化经济体系建设、构筑国家竞争力的重要力量。

一年来，在国际局势动荡和疫情冲击的背景下，中国数字经济持续创新、稳步发展，2022年，中国数字经济规模扩大到50.2万亿元，同比名义增长10.3%，占GDP比重提升至41.5%[1]，对经济社会发展的引领支撑作用日益凸显，成为稳增长促转型的重要引擎。数据要素市场体系日益完善，有力驱动数字经济创新发展。数据规模不断扩大，数据交易市场有序发展。数字产业创新能力稳步提升、创新应用加速落地。产业数字化发挥乘数效应，持续为国民经济稳增长保驾护航，传统各行业数字化转型全面加速。大数据、人工智能等新技术日益融入人类社会发展的方方面面，在丰富数字生活，变革生产与治理方式，催生新业态，激发消费、拉动投资等方面发挥着越来越重要的作用。

2.1 数字经济政策体系日趋完善

习近平总书记在中国共产党第二十次全国代表大会上强调，建设现代化产业体系，坚持把发展经济的着力点放在实体经济上，推进新型工业化，加快建设制造强国、质量强国、航天强国、交通强国、网络强国、数字中国。随着数字经济顶层设计和系统布局逐步推进，一系列制度措施陆续出台，国家各部委和地方政府齐发力，共同助力数字经济发展。

2.1.1 顶层设计持续优化

2023年2月，中共中央、国务院印发《数字中国建设整体布局规划》，提出要做强做优做大数字经济，培育壮大数字经济核心产业，研究制定推动数字

1 中国信息通信研究院:《中国数字经济发展研究报告（2023年）》，2023年4月。

产业高质量发展的措施，打造具有国际竞争力的数字产业集群。2022年12月，中共中央、国务院印发《扩大内需战略规划纲要（2022—2035年）》指出，要加快推动数字产业化和产业数字化。建立完善跨部门跨区域的数据资源流通应用机制，强化数据安全保障能力，优化数据要素流通环境。加快数据资源开发利用及其制度规范建设，打造具有国际竞争力的数字产业集群，加大中小企业特别是制造业中小企业数字化赋能力度。积极参与数字领域国际规则和标准制定。顺应新一轮科技革命和产业变革趋势，以创新驱动、高质量供给引领和创造新需求，推动供需在更高水平上实现良性循环。

2.1.2 各地政策聚合发力数字经济

在国家顶层设计指导下，数字经济已成为经济高质量发展的“火车头”。为抢抓数字经济发展机遇，服务地方经济社会高质量发展，各地积极部署数字经济发展任务、明确发展目标。截至2023年4月，全国31个省（自治区、直辖市）均出台了数字经济相关政策，包括五年规划、三年行动计划、实施方案、发展指引以及行动方案等。山西、河南、广东、云南及北京等省市发布了《2023年数字经济工作要点》和《2023年数字经济促进条例》，指导2023年数字经济工作。浙江省印发《浙江省数字经济创新提质“一号发展工程”实施方案》提出，力争到2027年，全省数字经济增加值和核心产业增加值突破7万亿和1.6万亿元，建成未来工厂100家、智能工厂（数字化车间）1200家。河北省印发《加快建设数字河北行动方案（2023—2027年）》提出，到2027年，河北省数字经济迈入全面扩展期，核心产业增加值达到3300亿元，数字经济占GDP比重达到42%以上，建成京津冀工业互联网协同发展示范区，打造一批现代化生态农业创新发展示范区。广东省发布《2023年广东省数字经济工作要点》，提出要聚焦重点地市和细分行业，加快培育特定领域、特定行业工业互联网平台，带动产业链、供应链中小企业整体数字化转型，推动5000家规模以上工业企业、带动10万家中小企业数字化转型。云南省发布《2023年数字云南工作要点》，明确2023年确保数字经济投资完成300亿元、数字经济核心产业营业收入增长20%以上，谋划打造云南省软件产业园，因地制宜打造数字经济园区，引进10户以上数字经济龙头企业。

2.1.3 传统产业数字化转型政策陆续出台

《数字中国建设整体布局规划》中指出，要全面提升数字中国建设的整体性、系统性、协同性，促进数字经济和实体经济深度融合，在农业、工业、金融、教育、医疗、交通、能源等重点领域，加快数字技术创新应用。

在农业方面，2023年1月，中共中央、国务院发布《关于做好2023年全面推进乡村振兴重点工作的意见》，提出深入实施数字乡村发展行动，推动数字化应用场景研发推广，加快农业农村大数据应用，推进智慧农业发展。2023年2月，农业农村部发布《关于落实党中央国务院2023年全面推进乡村振兴重点工作部署的实施意见》，进一步明确应加强农业科技和装备支撑，奠定农业强国建设基础，大力发展智慧农业和数字乡村，推进数据整合，创新数字技术，实施数字农业建设项目，建设一批数字农业创新中心、数字农业创新应用基地，协同推进智慧农业关键核心技术攻关。2023年4月，中央网信办、农业农村部、国家发展改革委、工业和信息化部、国家乡村振兴局联合印发《2023年数字乡村发展工作要点》，指出要因地制宜发展智慧农业，加快农业全产业链数字化转型、强化农业科技和智能装备支撑，到2023年底，数字乡村发展取得阶段性进展，农业生产信息化率达到26.5%。

在工业方面，2022年11月，工业和信息化部印发《中小企业数字化转型指南》，从增强企业转型能力、提升转型供给水平和加大转型政策支持三方面为推进中小企业科学高效推进数字化转型工作提供指引。同时，工业和信息化部、国家发展改革委、国务院国资委三部门联合印发《关于巩固回升向好趋势加力振作工业经济的通知》，要求深入实施智能制造工程，开展智能制造试点示范行动，加快推进装备数字化，遴选发布新一批服务型制造示范，加快向智能化、绿色化和服务化转型。深入开展工业互联网创新发展工程，实施5G行业应用“十百千”工程，深化“5G+工业互联网”融合应用，加快5G全连接工厂建设，推动各地高质量建设工业互联网示范区和“5G+工业互联网”融合应用先导区。2022年12月，中央经济工作会议指出，要加快建设现代化产业体系，围绕制造业重点产业链，找准关键核心技术和零部件薄弱环节，集中优质资源合力攻关，保证产业体系自主可控和安全可靠，确保国民经济循环畅通。2023年全国两会政府工作报告再次明确，把制造业作为发展实体经济的重点，促进数字经济和实体经济深度融合，支持工业互联网发展，有力促进制造业数字化智能化。

在服务业方面，2022年8月，中共中央办公厅、国务院办公厅印发《“十四五”文化发展规划》，指出要提升公共文化数字化水平，打通各层级公共文化数字平台，打造公共文化数字资源库群，建设国家文化大数据体系；把扩大内需与深化供给侧结构性改革结合起来，完善产业规划和政策，强化创新驱动，实施数字化战略，推进产业基础高级化、产业链现代化，促进文化产业持续健康发展。2022年12月，国务院办公厅印发《“十四五”现代物流发展规划》，要求加快物流数字化转型，利用现代信息技术推动物流要素在线化、数据化，开发多样化应用场景，实现物流资源线上线下联动。2023年4月，工业和信息化部、文化和旅游部发布《关于加强5G+智慧旅游协同创新发展的通知》，提出到2025年，中国旅游场所5G网络建设基本完善，5G融合应用发展水平显著提升，产业创新能力不断增强，5G+智慧旅游繁荣、规模发展。

2.1.4 平台经济迎来健康发展新阶段

2020年以来，国家从个人信息保护、反垄断、反不正当竞争、推荐算法规范等多个方面，开展了多项针对平台经济的集中治理、专项治理，推动平台逐步走上合规经营健康发展之路，平台经济迎来健康发展新阶段。

2022年7月，中共中央政治局会议指出“推动平台经济规范健康持续发展，完成平台经济专项整改，对平台经济实施常态化监管”。2022年10月，十三届全国人大常委会第三十七次会议上，国家发展和改革委员会在关于数字经济发展情况的报告中进一步明确，要鼓励平台企业依托市场、技术、数据等优势，赋能实体经济，支持平台企业不断提升国际化发展水平；发挥数字协同平台等公共服务平台以及龙头骨干企业的赋能作用；支持和引导平台经济规范健康持续发展，完成平台经济专项整改，实施常态化监管，集中推出一批“绿灯”投资案例。2022年12月，中央经济工作会议强调，要大力发展数字经济，提升常态化监管水平，支持平台企业在引领发展、创造就业、国际竞争中大显身手。《数字中国建设整体布局规划》指出，支持数字企业发展壮大，健全大中小企业融通创新工作机制，发挥“绿灯”投资案例引导作用，推动平台企业规范健康发展。

2.2　数据要素市场生态逐步完善

2022年，中国数据要素市场制度建设有序推进，为解放和发展数字生产力开辟新路径，为加快释放数据要素价值、激活数据要素潜能提供依据。随着数据规模不断扩大，数据要素市场体系日益完善，数据交易市场有序发展。同时，中国进一步加快构建国家公共数据开放体系，不断优化公共数据开放平台，地级市及以上政府数据开放平台数量持续增长，平台聚合效应带动公共支撑能力不断提升，数据要素生态建设逐步完善。

2.2.1　数据要素市场制度建设日益完善

数据要素是驱动数字经济创新发展的重要抓手，国家层面出台一系列政策推动数据要素市场发展。《数字中国建设整体布局规划》中提出，要畅通数据资源大循环，构建国家数据管理体制机制，健全各级数据统筹管理机构。2022年12月，中共中央、国务院印发的“数据二十条”指出，数据作为新型生产要素，深刻改变着生产方式、生活方式和社会治理方式，数据基础制度建设也事关国家发展和安全大局；同时，“数据二十条”从数据产权、数据要素流通和交易、数据要素收益分配以及数据要素安全治理等方面提出20条具体政策举措，初步形成中国数据基础制度的“四梁八柱”。2023年8月，财政部印发了《企业数据资源相关会计处理暂行规定》，自2024年1月1日起施行，用以规范企业数据资源相关会计处理，强化相关会计信息披露，服务数字经济治理体系建设。

2.2.2　数据交易市场发展活力不断显现

作为数据要素市场的基础，中国的数据产量和数据存储量规模巨大。据中国网络空间研究院和中国信息通信研究院统计测算，2022年，中国数据产量达到8.1ZB，同比增长22.7%，占全球数据总产量的10.5%，位居世界第二；数据存储量达724.5EB，同比增长21.1%，全球占比14.4%；大数据产业规模达1.57万亿元，同比增长18%。[1] 中国数据要素市场化指数显示，2021—2022年

1　“国家互联网信息办公室发布《数字中国发展报告（2022年）》”，http://www.cac.gov.cn/2023-05/22/c_1686402318492248.htm，访问时间：2023年7月。

中国东部地区要素市场化指数明显高于中部地区和西部地区，且数据要素相关企业主要分布在广东省、上海市、江苏省、山东省、四川省、北京市等经济较发达地区。[1]

伴随着数据要素市场制度的完善，数据交易市场进入有序发展时期。2022年，中国数据交易规模超过700亿元，预计2025年将超过2200亿元。[2] 数据产权制度日益受到关注，各数据交易平台逐步形成了数据登记、技术赋能数据权益使用等确权模式，推动数据流通，既承认原始数据产生者对数据的所有权，又不妨碍相关主体对数据价值的开发利用，在保护用户隐私权利的基础上充分释放数据价值。同时，参与交易的数据类别逐步扩大，医疗、交通、工业用电数据等成为数据需求新热点，数据交易上下游产业链雏形逐渐出现。

2.2.3　数据开放共享有序推进

2022年，中国加快构建国家公共数据开放体系，不断优化公共数据开放平台，地级市及以上政府数据开放平台数量持续增长。据复旦大学数字与移动治理实验室联合国家信息中心数字中国研究院发布的“2022年度中国开放数林指数”和《2022中国地方政府数据开放报告》显示，截至2022年10月，中国已有208个省级和城市的地方政府上线了政府数据开放平台，其中省级平台21个（含省和自治区，不包括直辖市和港澳台），城市平台187个（含直辖市、副省级与地级行政区）。与2021年下半年相比，平台总数增长约8%。

数据共享平台聚合效应明显，公共支撑能力不断提升。据2022年10月国务院办公厅印发的《全国一体化政务大数据体系建设指南》，全国一体化政务数据共享枢纽已接入各级政务部门5951个，发布53个国务院部门的各类数据资源1.35万个，累计支撑全国共享调用超过4000亿次。国家平台为地方部门平台提供电子证照共享服务79.5亿次，身份认证核验服务67.4亿次。截至2022年底，国家政务服务平台已归集汇聚32个地区和26个国务院部门900余种电子证照，目录信息达56.72亿条，累计提供电子证照共享应用服务79亿次。

1　国家工业信息安全发展研究中心：《中国数据要素市场发展报告（2021—2022）》，2022年11月。

2　“数据交易迎来新一轮发展浪潮，预计2025年市场规模将超2200亿元”，https://www.chinanews.com.cn/cj/2023/04-15/9990465.shtml，访问时间：2023年7月。

从区域数据来看，各地数据开放体系逐步完善。上海社会科学院绿色数字化发展研究中心、上海数据交易所研究院等联合发布的《2022全球重要城市开放数据指数》显示，中国城市数据开放水平位于全球中上层，在30个入围城市中，上海、深圳、贵阳、广州、青岛进入全球前十，分别位列第4、第5、第6、第8和第9位。[1]

2.3　数字产业化创新能力稳步提升

一年来，中国电子信息制造业生产逐步恢复，效益回暖，投资持续增长，但出口继续呈下降态势；软件和信息技术服务业运行持续向好，业务收入加快增长，细分领域均保持增长；互联网和相关服务业收入小幅回升，利润总额高速增长。

2.3.1　电子信息制造业整体稳定

中国电子信息制造业生产逐步恢复，出口继续下降，利润总额降幅有所收窄。2023年1—6月，规模以上电子信息制造业增加值与去年同期持平，增速较1—5月提高0.3个百分点，分别比同期工业、高技术制造业低3.8个和1.7个百分点；出口方面，受新冠疫情引发的贸易限制延续影响，规模以上电子信息制造业出口交货值同比下降9.2%，比同期工业降幅高4.4个百分点，出口交货值同比降幅较1—5月加深0.9个百分点。伴随生产恢复，中国电子信息制造业效益持续改善，投资稳定增长，为产业发展提供支撑。2023年1—6月，中国电子信息制造业实现营业收入6.78万亿元，同比下降4.2%，降幅与1—5月份持平；实现利润总额2418亿元，同比下降25.2%，降幅较1—5月收窄24个百分点；固定资产投资同比增长9.4%，比同期工业投资增速高0.5个百分点。2022年1月—2023年6月电子信息制造业增加值累计增速如图2-1所示。

从主要产品来看，手机、微型计算机和集成电路等产品产量延续2022年的收缩态势，出现同比下降趋势。2023年1—6月，手机产量6.86亿台，同比下降

1　上海社会科学院:《2022全球重要城市开放数据指数》，2022年11月。

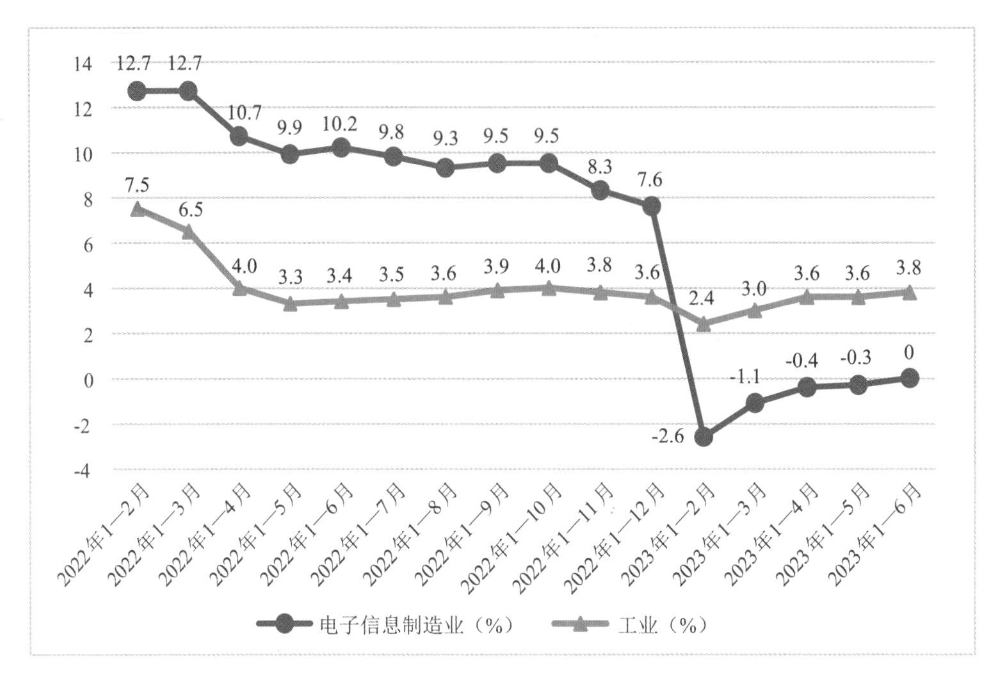

图2-1 2022年1月—2023年6月电子信息制造业增加值累计增速

（数据来源：工业和信息化部）

3.1%，其中智能手机产量5.07亿台，同比下降9.1%；微型计算机设备产量1.62亿台，同比下降25%；集成电路产量1657亿台，同比下降3%。

能源电子成为电子信息技术和新能源需求融合创新产生并快速发展的新兴产业。2023年1月，工业和信息化部、教育部、科技部、中国人民银行、银保监会和国家能源局联合发布《关于推动能源电子产业发展的指导意见》，制定了产业2025年短期和2030年中长期发展目标。2023年3—4月，中国光伏产业运行良好，各环节产量再创新高，智能光伏应用持续升级，多晶硅环节和硅片环节产量同比增长达到72.1%和79.8%；电池环节中，晶硅电池和晶组件产量同比增长分别为81.6%和92.5%。中国锂离子电池行业也保持增长态势，根据工业和信息化部数据，2023年上半年，我国锂离子电池产业延续增长态势。根据行业规范公告企业信息和行业协会测算，2023年上半年全国锂电池产量超过400GWh，同比增长超过43%，锂电池全行业营收达到6000亿元，锂电池产品出口额同比增长69%。

2.3.2　软件和信息技术服务业持续向好

中国软件和信息技术服务业运行态势持续向好，软件业务收入和利润总额呈高速增长。2023年1—6月，软件和信息技术服务业完成软件业务收入55170亿元，同比增长14.2%，利润保持两位数增长，达到6170亿元，同比增长10.4%。软件业务出口降幅收窄，出口241.8亿美元，同比下降2%，其中，软件外包服务出口同比增长8.2%。2022年1月—2023年6月软件和信息技术服务业收入、利润总额和出口增速如图2-2所示。

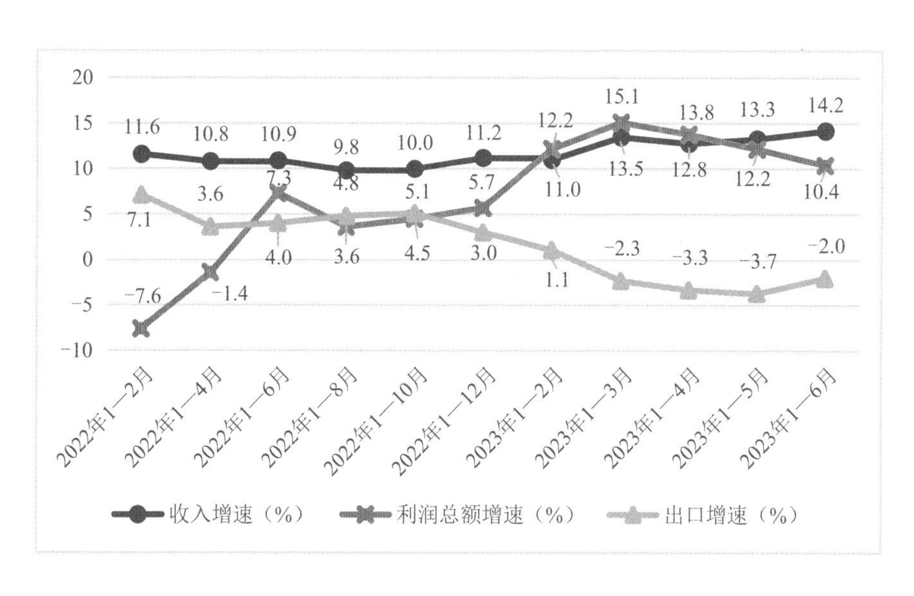

图2-2　2022年1月—2023年6月软件和信息技术服务业收入、利润总额和出口增速

（数据来源：工业和信息化部）

分领域来看，信息技术服务实现收入36687亿元，同比增长15.3%，占全行业收入的66.5%，其中，云计算、大数据服务共实现收入5515亿元，同比增长16.5%，占信息技术服务收入的15%；集成电路设计收入1349亿元，同比增长3.7%；电子商务平台技术服务收入4762亿元，同比增长6.1%。软件产品实现收入12959亿元，同比增长11.7%，占全行业收入的23.5%。嵌入式系统软件实现收入4667亿元，同比增长14%，占全行业的8.5%。信息安全产品和服务收入856亿元，同比增长10.8%，占全行业的1.6%。

分地区来看，2023年1—6月，中国软件和信息技术服务业收入呈现出东部地区收入加快增长，中部地区增势领先态势，东部、中部、西部和东北四个地区软件业务收入占全国总收入比重分别为82.9%、5%、10.1%和2%。北京、广东、江苏、山东和上海五个软件大省（市）收入占全国总收入比重的70.3%，较去年同期提升0.9个百分点。全国15个副省级中心城市实现软件业务收入27431亿元，同比增长11.6%，占全国软件业务收入比重为49.7%，占比较去年同期回落1.2个百分点。

2.3.3 互联网和相关服务业平稳发展

中国互联网和相关服务业收入增速稳步回升，利润总额高速增长，研发经费投入持续下降。2023年1—6月，中国规模以上互联网和相关服务企业完成互联网业务收入6433亿元，同比增长2.6%；实现利润总额639.6亿元，同比增长27.6%；共投入研发经费305.4亿元，同比下降6.8%，降幅较1—5月扩大0.9个百分点。

从区域运行情况来看，东部地区业务收入进一步提升，部分地区互联网业务增速实现正增长。2023年1—6月，中国东部地区共完成互联网业务收入5986亿元，同比增长3.8%，占全国互联网业务收入的93.1%。全国有14个省（自治区、直辖市）互联网业务收入增速实现正增长，其中互联网业务累计收入排名前五位的北京、上海、浙江、广东和天津共完成业务收入5640亿元，占全国（扣除跨地区企业）的87.7%。2022年1月—2023年6月互联网业务收入累计增速如图2-3所示。

2023年上半年，互联网应用持续拓展，多类应用的用户规模获得显著增长。其中，即时通信以97.1%的用户规模位列第一，网络视频（含短视频）、网络支付和网络购物的使用率均达到网民规模的80%以上；用户规模增长最快的三个领域是网约车、在线旅行预订和网络文学，其用户规模较2022年12月分别增长3492万人、3091万人、3592万人，增长率分别为8%、7.3%、7.3%。[1]

在网约车方面，聚合模式为网约车行业发展创造机遇，助力小网约车平台

1 中国互联网络信息中心：《第52次中国互联网络发展状况统计报告》，2023年8月。

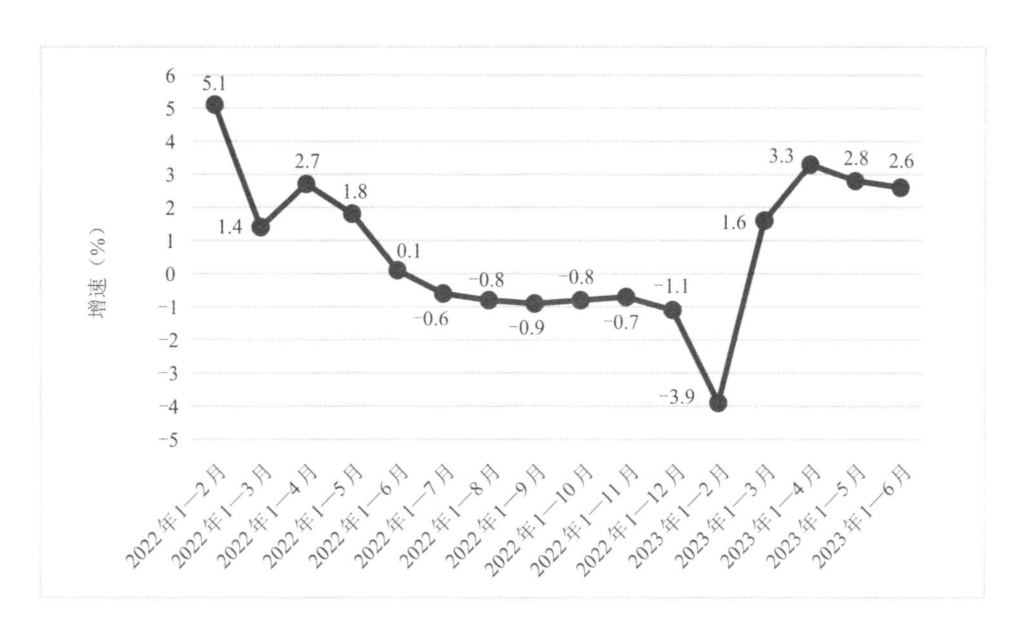

图2-3　2022年1月—2023年6月互联网业务收入累计增速

（数据来源：工业和信息化部）

触达更多用户，同时交通运输部办公厅等五部门联合发布的《关于切实做好网约车聚合平台规范管理有关工作的通知》《2023年推动交通运输新业态平台企业降低过高抽成工作方案》等相关行业监管有效提高了网约车行业的规范化水平。截至2023年6月，中国网约车用户规模达4.72亿人，占网民整体的43.8%。[1] 如图2-4所示。

在线旅行预订方面，中国旅行预订市场复苏势头强劲，携程集团、同程旅行、飞猪旅行等在线预订企业的业绩增长明显，在丰富产品和服务供给的同时，带动用户规模持续增长。截至2023年6月，中国在线旅行预订用户规模达4.54亿人，占网民整体的42.1%。[2] 2023年二季度，同程旅行的平均月活跃用户达2.8亿。[3] 如图2-5所示。

网络文学方面，网络文学版权的产业生态持续完善，一方面网络文学与视

1　中国互联网络信息中心：《第52次中国互联网络发展状况统计报告》，2023年8月。

2　中国互联网络信息中心：《第52次中国互联网络发展状况统计报告》，2023年8月。

3　“同程旅行发布2023年Q2财报”，https://finance.cnr.cn/zghq/20230822/t20230822_526391160.shtml，访问时间：2023年10月。

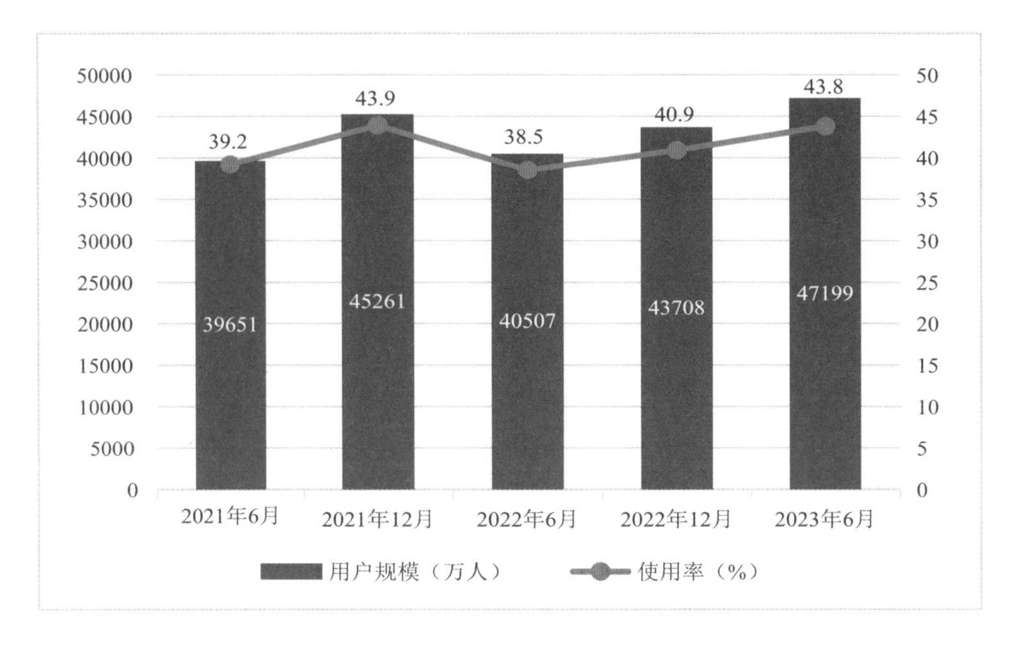

图2-4　2021年6月—2023年6月网约车用户规模及使用率

（数据来源：《第52次中国互联网络发展状况统计报告》）

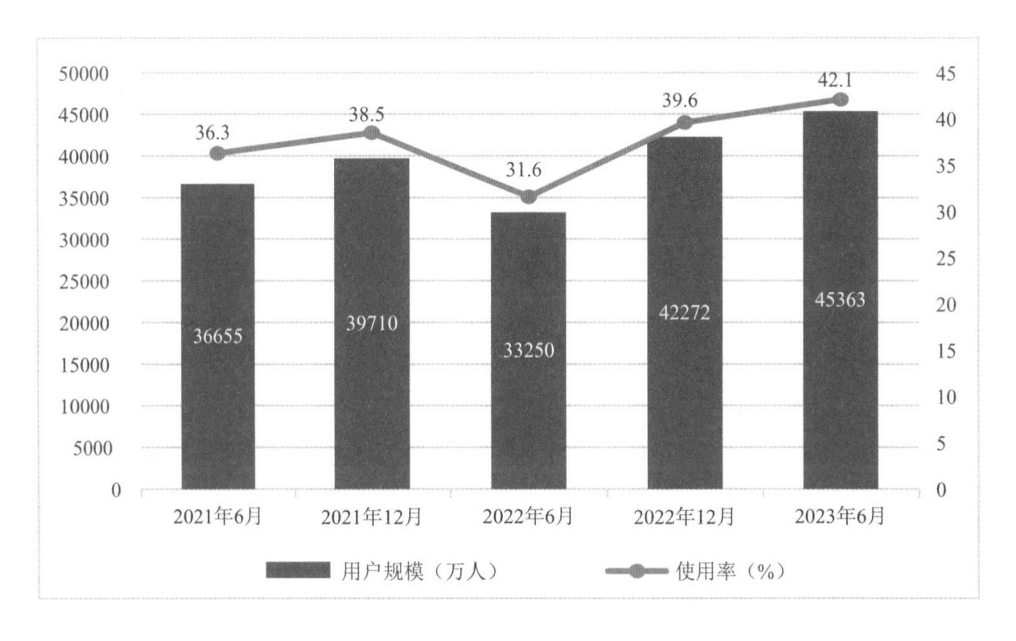

图2-5　2021年6月—2023年6月在线旅行预订用户规模及使用率

（数据来源：《第52次中国互联网络发展状况统计报告》）

频行业深度融合，进一步加强了视频平台的内容创作能力，另一方面网络文学作品在漫画、游戏等领域的改编，激发更多商业潜力。截至2023年6月，中国网络文学用户规模达5.28亿人，占网民整体的49%。[1] 如图2-6所示。

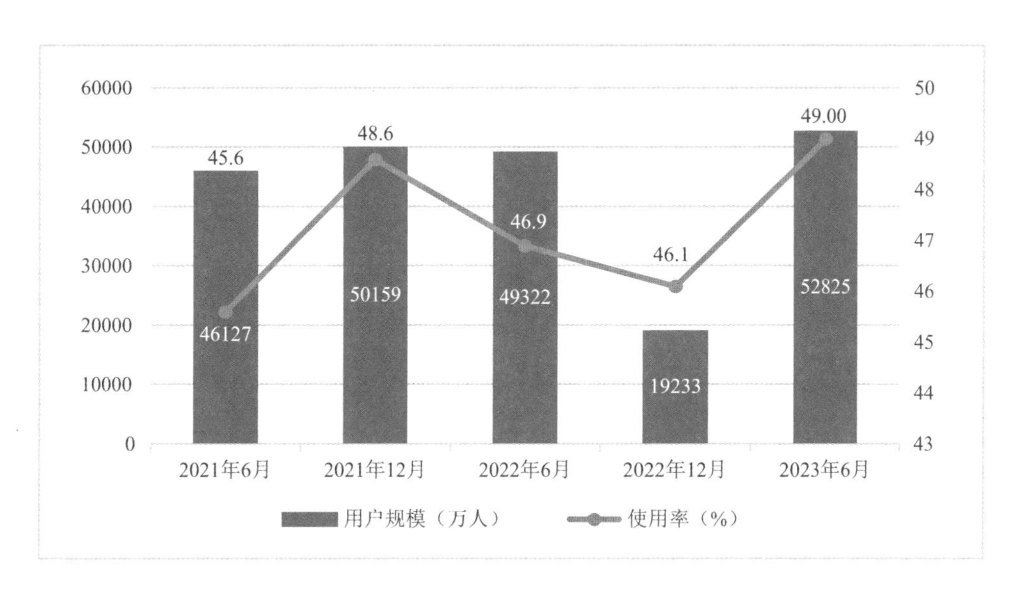

图2-6　2021年6月—2023年6月网络文学用户规模及使用率

（数据来源：《第52次中国互联网络发展状况统计报告》）

2.3.4　互联网产业发展态势良好

在疫情防控措施优化调整、经济稳步改善重振市场信心的背景下，中国互联网产业生态体系逐步升级，传统业务增长稳步复苏，创新业务取得积极成效，企业营商环境有所改善，整体发展态势良好。

互联网上市企业市值和营业收入平稳回升。截至2023年3月底，中国互联网上市企业总市值达到11.1万亿元，较2022年四季度环比上升7.8%。其中，排名前十的互联网企业市值占总市值的76.1%。[2] 2023年一季度，中国上市互联网企业总营收达10815亿元，同比增长6.3%。其中，电子商务、游戏、社交和

1　中国互联网络信息中心：《第52次中国互联网络发展状况统计报告》，2023年8月。

2　中国信息通信研究院：《2023年一季度我国互联网上市企业运行情况》，2023年6月。

在线社区三大领域的营业收入总和占比80%，较上季度上升1个百分点；工具软件和医疗健康领域实现高速增长，同比增速分别达到17.3%和19.9%；排名前十的互联网企业营业收入占比达到87.8%，营业收入增速为7.2%，高于互联网上市企业总营业收入的增速。

从地区分布来看，截至2022年12月，中国境内外互联网上市企业中工商注册地位于北京和上海的企业数量最多，占互联网上市企业总体的33.3%和19.5%；其次为深圳和杭州，均占总体的10.7%；广州紧随其后，占总体的5.0%。从企业类型分布来看，网络游戏、电子商务和文化娱乐类企业数量最多，占比分别为20.8%、15.1%、15.1%。

从企业营商环境来看，中国互联网行业投融资表现低迷。据2023年7月中国信息通信研究院发布的《2023年二季度互联网投融资运行情况》报告显示，2023年二季度，中国实现互联网投融资总比数223笔，环比下跌30.5%，同比下跌60.9%；企业披露的互联网投融资总金额10.1亿美元，环比下跌40.4%，同比下跌69.8%。互联网相关领域投融资市场持续发展，早期轮次融资占比维持高位，核心地区投融资占比较大。2022年，互联网相关领域投融资事件数和投融资金额分别占所有领域投融资事件的23.0%和14.8%。从轮次分布来看，互联网相关领域种子轮、天使轮及A轮的投融资事件数占该领域投融资事件总数的比重达63.0%，较2021年增长7.7个百分点。从金额分布来看，互联网相关领域10亿—100亿元人民币的投融资事件数占该领域投融资事件总数的比重达3.0%，与2021年基本持平。从地区分布来看，北京、上海、广东、浙江、江苏等地互联网相关领域投融资热度位列全国前五，其事件数占总体的比重合计达79.5%，金额数占总体的比重合计达85%。[1]

数字产业创新能力的大幅提升为信创行业提供了良好的经济基础。2022年，中国信创产业持续深化，党政信创服务采购量显著提升，推动中间件、数据库、操作系统等信创产品需求量持续上升。海比研究院联合中国软件行业协会、中国软件网发布的《2022中国信创生态市场研究及选型评估报告》显示，2022年，由IT基础设施和基础软件核心产品构成的信创产业核心市场

1 中国互联网络信息中心：《第52次中国互联网络发展状况统计报告》，2023年8月。

规模为2392.8亿元，占比26.0%；由平台软件、应用软件和IT安全非核心产品构成的信创产业非核心市场规模为6827.4亿元，占比74.0%。艾媒咨询发布的《2023年中国信创产业发展白皮书》显示，2023年中国信创产业规模将达20961.9亿元。

2.4 产业数字化转型全面加速

随着数字经济的升级发展和创新应用的加速落地，传统行业数字化转型全面加速。智慧农业建设效果显现，智慧农场、农村电商平台成为这一阶段的发展要点。工业互联网产业规模持续扩大，在5G助力下，制造业数字化转型进程进一步加速，逐步迈向高端化、智能化、绿色化发展新阶段。在线消费、网络零售、移动支付、网约车、网上外卖等服务业数字化新模式也继续保持增长活力。

2.4.1 智慧农业建设成效明显

1. 智慧农场助力农业生产节本增效

2022年，中国加快提升农业生产数字化水平，依靠科技和改革双轮驱动助力建设农业强国，通过数字技术改变传统农业生产方式，促进农业提质增效。智能农田管理系统、智能灌溉系统、精准播种、变量施肥、环境控制、无人插秧机、无人植保机、无人收割机等技术和装备开始大面积推广，大大缩减了人力成本，提高了农业生产效率。根据《中国数字乡村发展报告（2022年）》，中国大田种植信息化率已达到21.8%，其中，小麦、稻谷、玉米三大粮食作物的生产信息化率分别超过39.6%、37.7%和26.9%。在黑龙江北大荒春播中，已经有6个规模化国产农机装备无人农场，田间用工减少70%以上，工作效率提高30%以上，节水、节肥、农药减量分别超过20%、50%、30%，示范区增产超过10%。[1]

1 “建设农业强国 推进智慧农业发展 各地涌现出一批粮食作物智慧农场”，https://news.cctv.com/2022/12/27/ARTIbwuSDt5Ifqyck7qCRNoR221227.shtml，访问时间：2023年7月。

2. 各类平台为农业农村数字化治理提供支撑

为打破数据壁垒，盘活农业农村数据资源，各类农业农村数字化平台逐步建设并快速发展，通过整合数据资源、强化数据分析，提供精准服务、辅助决策管理，带动中国农业数字化监管和数字化治理模式不断创新。目前，农业农村部地理信息公共服务、政务数据共享、农业农村大数据等平台已基本建成，丰富了农业农村数据资源；全国数字农田建设“一张图”、全国第三次土壤普查平台、全国农田综合监测监管平台均已基本建成；大豆、苹果等8类15个品种的全产业链大数据建设试点稳步推进，生猪产品信息数据平台上线运行，发布生猪全产业链数据；国家农产品质量安全追溯管理信息平台已实现与31个省级平台及农垦平台的对接互通，农业绿色生产信息化监管能力全面提升。与此同时，平台还为中国脱贫攻坚行动注入新动能。根据《中国数字乡村发展报告（2022年）》，截至2022年底，脱贫地区农副产品网络销售平台（“832平台”）入驻脱贫地区供应商超2万家，2022年交易额超过136.5亿元，同比增长20%。

3. 乡村数字经济新业态新模式不断涌现

在乡村数字经济中，农村电商继续保持“领头羊”地位。中国持续推进“数商兴农”工程，鼓励通过农产品电商直采、定制生产等模式，建设农副产品直播电商基地，通过数字商务振兴农业。工程还带动农村“新基建”建设，通过完善农村物流体系打通了农产品上行“最初一公里”。2022年，抖音电商助力销售农特产总订单量达28.3亿单，平台新农人数量同比增长了252%；快手直播电商助力销售农产品订单量也达到5.6亿单。

2023年1月，农业农村部公布《2022年全国休闲农业重点县名单》，通过“农旅双链”模式积极开发农业多种功能，挖掘乡村多元价值，助力农业农村现代化建设。中国数字乡村试点地区也打造出了“透明农村”“数字花卉”“电商+网红”等乡村数字化发展新型应用场景，为全面推进数字乡村建设提供思路。

2.4.2 工业互联网为制造业数字化赋能

1. 制造业数字化转型步伐加快

制造业是发展数字经济的主战场，是推动数字经济和实体经济融合发展的主攻方向和关键突破口。中国深入实施智能制造工程，推动产业数字化转型，企业数字化水平和设备数字化率稳步提升，远程设备操控、机器视觉质检、无人智能巡检、柔性生产制造、个性化定制等一大批典型应用落地实践，数字化从设备管理、生产过程管控等环节向产品研发设计、制造与工艺优化等环节渗透。截至2022年底，全国工业企业关键工序数控化率达到58.6%，数字化研发设计工具普及率达77.0%[1]，大大推动了制造业降本增效。

2. 工业互联网产业规模持续扩大

作为新型工业化战略性基础设施，工业互联网已成为工业落地数字经济的核心手段。中国深入实施工业互联网创新发展工程，工业互联网产业规模持续扩张，工业互联网的网络、平台、安全三大功能体系已建成，工业互联网平台数量日益增加。据工信部发布的“2022工业互联网平台发展指数”显示，2022年，工业互联网平台发展指数达251，同比增长17%，连续四年保持超过15%的增幅。

3. “5G+工业互联网”创新发展进入快车道

“5G+工业互联网”进入由起步探索向规模发展的新阶段。中国积极发挥5G高速率、广连接、低时延的技术特征，高起点布局数字新基建，开辟了传统工业技术升级换代的新路径，“5G+工业互联网”成为推动制造业高端化、智能化、绿色化发展的重要支撑。2022年11月，中国信息通信研究院发布的《2022中国“5G+工业互联网”发展成效评估报告》指出，我国“5G+工业互联网”512工程任务高质量完成，全国投资建设的“5G+工业互联网”项目数超4000个，覆盖电子设备制造、钢铁、电力等十大重点行业以及41个国民经济大类，已形成协同研发设计、远程设备操控、机器视觉质检、无人智能巡检、全域物流检测、生产能效管控等二十大典型应用实践场景，“5G全连接工厂”种子项目中，工业设备5G连接率超过60%的项目占比超一半，5G与工业融合的广度和深度不断拓展。在此基础上，5G还加速向医疗、交通、教育等各行业各领域推广，推动人工智能、AR/VR、8K显示等新技术日益成熟，带动车联网等新业态蓬勃发展。

1　“工信部：推进六方面转型 打造绿色新动能”，http://www.news.cn/fortune/2023-06/15/c_1129695638.htm，访问时间：2023年7月。

2.4.3 数字经济与现代服务业实现融合发展

数字经济的发展极大促进了服务业创新，现代服务业加速崛起，逐渐向着网络化、平台化和智能化迈进，成为带动产业转型升级和协调发展的重要力量。2022年，战略性新兴服务业收入继续扩大，国家统计局数据显示，中国规模以上服务业企业营业收入较2021年增长2.7%，其中，战略性新兴服务业企业营业收入比2021年增长4.8%。

1. 网络零售新业态新模式彰显活力

2022年，中国网络零售继续保持增长趋势，成为推动消费扩容的重要力量。截至2023年6月，中国网络购物用户规模达到8.84亿人，占网民整体的82%。[1]另外，海关数据显示，中国跨境电商进出口2.11万亿元，同比增长9.8%。

网络零售彰显新活力。2022年，中国电商直播市场依然展现出巨大的潜力和活力，重点监测电商平台累计直播场次超1.2亿场，累计观看超1.1万亿人次，直播商品超9500万个，活跃主播近110万人。除此之外，随着城市物流配送网络和新型商业基础设施的逐步完善，即时零售业务急速攀升，覆盖行业和产品种类持续扩大，成为新型零售市场的重点发展对象之一。

2. 数字化推动金融业移动支付领域创新

移动支付是受金融领域数字化转型影响最深的领域，2022年中国移动支付市场保持稳步发展。并且，随着生物识别技术的发展，指纹、面部等生物识别技术使用率稳步上升，支付交互逐渐“脱媒”。据央行《2022年支付体系运行总体情况》报告，2022年，我国银行共处理电子支付业务2789.65亿笔，金额3110.13万亿元，同比分别增长1.45%和4.50%。其中，网上支付业务1021.26亿笔，同比下降0.15%；移动支付业务1585.07亿笔，同比增长4.81%。同时，为应对新的金融支付形势，央行加速了人民币数字化的进程，进一步助推支付方式的变革。截至2022年12月，数字人民币已在全国17个省份的26个地区开展试点[2]，各地区试点场景涵盖批发零售、餐饮、文旅、政务缴费等多个领域，据中

1 中国互联网络信息中心:《第52次中国互联网络发展状况统计报告》，2023年8月。

2 “数字人民币试点再扩容：粤苏冀川4省全覆盖，新增5座城市”，https://news.cctv.com/2022/12/17/ARTIQPRMBqzneb3RzWIzOQ70221217.shtml，访问时间：2023年7月。

国人民银行统计数据，流通中的数字人民币存量达136.1亿元。[1]

3. 生活类服务业数字化进程加快

随着数字技术的进步和居民消费结构升级，生活服务型消费占比逐渐扩大。截至2023年6月，中国网约车用户规模达4.72亿，占网民整体的43.8%。[2] 在技术应用方面，自动驾驶出租车成为互联网出行平台的发展热点，2022年8月，百度正式启动全自动无人驾驶出租车的商业化运营，武汉和重庆两地最先获得城市开放道路上进行载人运营全自动无人驾驶出租车服务的许可，为居民出行服务带来全新体验。

网上外卖市场快速发展，平台数字化助力下市场规模逐步扩大。网上外卖覆盖产品类型日益丰富，从餐饮美食拓展至生活超市、生鲜果蔬、母婴产品等多领域；与此同时，平台服务逐步细化，以数字技术为工具，通过精准营销以及多场景服务提升商户和消费者之间匹配效率，进而增加用户黏性，推动网上外卖市场数字化发展。

2.5 人工智能驱动数字经济发展

2022年7月，科技部等六部门联合印发《关于加快场景创新以人工智能高水平应用促进经济高质量发展的指导意见》，为我国人工智能发展提供政策指导，指出人工智能场景创新是以新技术的创造性应用为导向，以供需联动为路径，实现新技术迭代升级和产业快速增长的过程。近年来，人工智能作为数字经济创新发展的前沿和焦点技术，不断与实体经济融合，带动平台经济转型升级，也催生出新产品、新模式和新业态，成为经济社会发展的重要驱动引擎。根据工业和信息化部测算，2022年中国人工智能核心产业规模达5080亿元，同比增长18%，人工智能企业数量4227家，占全球企业总数的16%。

---

1 “央行：流通中数字人民币存量达136.1亿元”，http://www.news.cn/fortune/2023-01/13/c_1129282672.htm，访问时间：2023年7月。

2 中国互联网络信息中心：《第52次中国互联网络发展状况统计报告》，2023年8月。

2.5.1　智能决策助力产业绿色化

人工智能技术可通过深度分析实现数据驱动的智能决策，全面优化产业链资源配置。这种基于AI+IoT的万物互联模式以效率最优为目标，赋能产业绿色化，助力碳中和。随着我国迈入“双碳”目标的“行动元年”，为推广应用节能减碳技术，提高能源利用效率，加快推进工业绿色低碳转型，2022年8月，工业和信息化部、国家发展改革委和生态环境部联合发布《工业领域碳达峰实施方案》，要求通过创新驱动，用数字化智能化赋能绿色化，其中重要的一环就是利用包含人工智能在内的新一代信息技术对工艺流程和设备进行绿色低碳升级改造，强化企业需求和信息服务供给对接，加快数字化低碳解决方案应用推广。

从实践来看，人工智能可通过预测排放、监测排放、减少排放等措施应用于各行业场景，例如，在智能家居中可通过自动化、计算机控制等技术对住宅设备进行集中管理，实现能耗最优化管理技术；在绿色交通领域，自适应空调技术可采用风水联动控制系统，以地铁车站通风空调系统为整体单元，通过实时动态、主动寻优的优化控制算法，找到能耗最低、能效最高的运行工况参数，可实现通风空调系统整体节能率30%以上。[1]在建筑行业，2023年1月，中国标准化研究院等单位发起“千亿绿钢”行动，提倡使用数字化方式对绿色低碳钢材进行标准认证、采购分级，并实现规模交易，预计在“十四五”期间，将完成约2500万吨、1000亿元的绿钢交易，累计减少二氧化碳排放量超过250万吨；到2030年，将累计实现1.5亿吨绿钢交易，交易金额6000亿元，累计减少二氧化碳排放量1500万吨以上。

2.5.2　人工智能加速催生新场景新业态

当前，数字经济的快速发展，正在为整个人工智能产业创造良好的发展条件和技术环境，人工智能作为关键性的新型技术能力，正在成为推动科技跨越发展、产业优化升级、生产力整体跃升的驱动力量，成为实体经济发展的重要

1　2023年轨道交通绿色智能建造技术发展高峰论坛，2023年4月。

引擎。根据2022年国务院印发的《“十四五”数字经济发展规划》，包括人工智能算法、算力在内的数字经济核心产业增加值将在2025年达到13.8万亿元，将带动各产业间的数字化转型，推动数字技术与实体经济深度融合，让数字经济成为促进公平与效率的新经济形态。2023年4月，中共中央政治局会议提出，要重视通用人工智能发展，营造创新生态，重视防范风险。

从技术发展看，驱动人工智能发展的算法、算力、数据在迅速发展。[1] 在算法层面，超大规模预训练模型等成为关注热点，知识驱动的人工智能等成为提升认知能力的重要探索方向。2023年7月，在华为开发者大会2023（Cloud）上，定位为“为行业而生”的盘古大模型3.0正式发布，可用来进行超大城市气象精准预报等。在基础算力层面，单点算力持续提升，算力定制化、多元化成为重要发展趋势。在数据层面，随着对大量标注数据的需求增长，数据服务走向精细化和定制化，对知识集的构建和利用不断增多。

从行业领域看，制造、能源、交通等行业都在打通人工智能技术应用。在能源领域，华为公司推出的远程智慧巡检解决方案，将人工智能与自动控制、物联网等技术相结合，提高了巡检的安全性以及准确性，显著降低误漏操作的风险。在智能交通领域，腾讯公司基于车路云图数字底座，在城市实现了智能信控，打造了全息感知的智慧路口方案，提供智慧交管的整体体验。在医疗行业，智慧仿生微创介入系统、全域AI赋能CT、双导航手术视觉系统等一系列智能化医学影像创新产品快速涌现，有效解决了传统医学图像领域医生供不应求、医疗资源失衡等痛点。2023年5月，上海市算力网络数字医疗创新实验室发布“Uni-talk”医疗算网大模型，成功实现通用人工智能向医疗人工智能领域的融会贯通。

抢占新一轮人工智能高地，各大城市正在行动中。中关村是北京大模型公司的核心聚集地，2023年9月，中关村人工智能大模型产业集聚区启动建设，首批重点建设五道口、北大西门、中关村西区、清华科技园4个人工智能产业园，推进大模型场景应用落地。《中关村科学城通用人工智能创新引领发展实

1　中国信息通信研究院:《人工智能白皮书（2022）》，2022年4月。

施方案（2023—2025年）》，提出到2025年建成具有全球影响力的人工智能创新引领区、产业集聚区，人工智能核心产业规模超2300亿元，集聚大模型企业、机构超100家。上海大模型包括商汤及复旦大学等，2023年7月，商汤“日日新大模型”更新到了2.0版本。深圳大模型科研力量突出，其中在深圳福田，IDEA研究院推出了开源通用大模型“姜子牙”系列，拥有130亿参数，可进行千亿token量级预训练。

第3章

网络内容建设

当前，互联网已经成为凝聚共识的新空间、汇聚正能量的新场域、把握舆论主动权的新阵地。一年来，网络内容建设高质量推进，通过突出主线、把准导向、统筹力量、创新形式顺应传播规律、变革传播理念、营造传播声势、丰富传播格局，确保主旋律“不缺席”“不落伍”，让团结奋斗、同心筑梦的磅礴精神力量在网络空间不断汇聚。

2023年，是全面贯彻落实党的二十大精神的开局之年，党的二十大、全国两会等重大主题宣传和重大议题设置激荡指尖，凝心聚力唱响主旋律，守正创新传播正能量，主流思想舆论巩固壮大，党的创新理论入脑入心，网络文明美好画卷正在绘就。对外传播构建起多主体、多语境、立体式新格局，国际传播的创造力、感召力、公信力、影响力持续增强，国际话语权和网络国际传播效能全面提升。网络内容生产供给突出内容固本、紧贴需求、技术支撑、靶向供给、情感共振，最大限度地凝聚社会共识、提高传播质效。

网络综合治理体系基本建成，治网管网能力全面提升，网络生态持续向好，网络综合治理向法治化、社会化、科学化发展，未成年人网络保护、适老化改造、信息无障碍建设促进数字社会包容性发展。媒体深度融合扎实推进，全媒体传播体系加速建设，县级融媒体深耕本地新闻、参与基层治理、服务乡村振兴，政务新媒体强化解读回应、加强政民互动、创新社会治理。大数据、元宇宙、人工智能等前沿技术向传媒领域快速渗透，赋能新闻媒体智能化转型，驱动媒体融合新升级。

3.1 网络内容建设高质量推进，主流思想舆论巩固壮大

互联网汇聚万千社会信息，亿万网民依靠互联网获取信息、交换信息，而网络内容传播对人们的思维方式、价值观念、意识形态具有重要影响。一年来，网络内容建设高质量推进，重大主题宣传和议题设置广泛凝聚合力，网络文明建设开拓新局面，网络国际传播效能全方位提升，网络内容供给紧贴受众需求，网上网下统筹，大屏小屏整合，主流思想舆论进一步壮大阵地和声势。

3.1.1 重大主题宣传奏响主旋律、聚合共识度

过去一年，各大主流媒体、网站以党的二十大精神网络宣传为主线，聚焦重大主题策划与传播，统筹传播资源，创新传播方法，佳作频出、亮点纷呈。众多正能量充沛、主旋律高昂的精彩内容呈现了党和国家事业取得的历史性成就，展现了全党全国各族人民建功新时代的鲜活图景，在网络上凝聚思想共识、激发奋进力量。

1. 紧抓主线、融合创新：党的二十大网络宣传“声”入人心

2022年10月党的二十大胜利召开。各网站平台实时直播、大屏小屏全景呈现，《与人民在一起》《时政微纪录|中国共产党第二十次全国代表大会胜利召开》《新一届中央政治局常委亮相》时政短视频、《一图速览二十大报告》等新媒体作品持续霸榜，生动展现了习近平总书记的领袖风范、政治智慧、人民情怀，党的二十大重大主题宣传成为引领网络舆论的最强音。10月12—24日，党的二十大网上报道量超450万篇次，点击量超887亿次，讨论量超5.9亿条。新华社、人民日报、中央广播电视总台等主流媒体聚焦“领航”“非凡十年”“我为党的二十大建言献策”“中国新画卷”“奋进新征程 建功新时代”五大主题，创新全媒体报道内容、手段和方式，利用微信、微博、新闻客户端、短视频平台等网络传播渠道，持续推出一系列有思想、有温度、有创意的高品质新闻作品。《跟着总书记看中国》《近镜头·温暖的瞬间》《解码十年》《惊艳了！中国一县》《丹心如画》《道·路》等融创精品或以总书记的考察足迹和动人故事为线索，用系列短视频的形式展现中国社会的巨变，或以“卫星视角+大数据调查+新闻故事”的报道方式解读十年沧桑巨变的“中国密码”，抑或是将流行的说唱元素融入新闻报道展现中国县城的发展成绩。通过轻量化、故事化、立体化的新闻报道，以小切口诠释大主题、以人情味提升感染力，从而实现新媒体产品的“破圈”传播，在增强传播效果的同时强化思想引领，将党的二十大精神更好地送进受众心中。2022年“把青春华章写在祖国大地上”大思政课网络主题宣传活动接续开展，邀请党的二十大代表、航天英模、青年榜样与广大青少年云端牵手，同上学习党的二十大精神网上网下大思政课。“正青春 再出发”大学生思政实践活动，组织高校师生参与网上主题

宣传，带领青年在各地各部门贯彻落实党的二十大精神的火热实践中，关注时代、关注社会。网络名人国情考察系列活动组织了网络名人走访新疆、广西、黑龙江等地，以形式多样的网络内容宣介发展成就和干部群众昂扬奋进的精神面貌，相关话题累计阅读量达10.2亿次。“发现最美 你评我论”网评品牌活动紧扣主题主线，在安徽、陕西、福建等地开展多场活动，相关话题阅读量超18亿次，助力营造党心民心同频共振、亿万网民喜迎盛会的浓厚氛围。“新时代新成就十年巡礼”专题活动，为迎接党的二十大胜利召开、实现第二个百年奋斗目标凝聚强大精神力量。

2. 全景呈现、求新求变：全国两会报道打出“组合拳”

2023年全国两会，是在全面贯彻落实党的二十大精神开局之年召开的盛会，举世瞩目、意义非凡。主流媒体、网站、新媒体借此契机，充分发挥全媒体传播体系优势，报、刊、网、端、微、屏一体发力，全景呈现大会盛况，深化重大主题宣传。新华社制作《习近平的两会“微镜头”》微视频，再现习近平总书记出席活动、发表讲话的画面和声音；人民网推出“时习之·习近平的两会关切事”“习近平的两会时间”等专栏专题；光明日报在抖音平台推出《两会温暖瞬间》系列短视频，聚焦习近平总书记与代表委员们畅聊民生话题，从微小处展现总书记对民生民情的关切，总播放量达上亿次。对重要文件的深耕与表达，也是今年全国两会网络报道的创新之处。人民日报新媒体第一时间发布仅700字的政府工作报告极简版，并推出答题、词典等多种形式的互动产品，将时效性、概括性、趣味性有机结合起来；中央广播电视总台则通过网络直播、短视频直击第一现场、浓缩报告重点，以视听元素增强报告的可看性。[1] 两会报道也离不开对代表委员的关注，光明网创设“光小明的两会文化茶座”“通道好声音”“我从基层来”等融媒体栏目，提炼精髓、捕捉细节，为代表委员建言献策打通渠道；人民网制作“两会观察”“两会夜话”网络视频访谈，邀请代表委员与专家学者、一线工作者互动交流、解读趋势，让两会观点在互联网用户身边可见、可感、可触。

1 曾祥敏、邹济予、胡海月：《多维聚合与深度嵌入：2023年全国两会融媒报道创新探析》，《传媒》2023年第8期，第9—13页。

3. 党的创新理论网上传播入脑入心，新思想“飞入寻常百姓家”

一年来，各网站平台大力开拓党的创新理论网上宣传解读新形式、新渠道、新语态，通过鲜活的案例、生动的表达，在网民中引发强烈的思想回响与价值认同。中央新闻网站、理论网站以短视频、微动漫、云沙龙等形式创新推出学习栏目，如人民网“学习路上”、新华网“学习进行时”、求是网“学习笔记”、央视网“天天学习”、光明网“理响中国”等品牌专栏在可视化呈现、互动化传播上做文章，持续创新宣传语态和呈现形式，全面阐释好马克思主义中国化时代化最新成果蕴含的深刻道理、学理、哲理，不断扩大正面宣传的用户规模，让党的声音传遍千家万户，引导亿万网民与党同心、跟党同行。

围绕中国式现代化等重大理论和实践问题，网络媒体加强阐释解读。新华社在全媒体渠道发布《从十个维度看中国式现代化的壮阔前景》，描摹了奋斗中国的生动实践;《经济日报》推出“‘中国式现代化’深度探析”系列特稿，深入挖掘中国式现代化的精神内核和动力引擎，并据此制作《“中国式现代化”是什么样的现代化?》等原创新媒体产品；央视新闻推出的《“县”在出发》大型融媒体活动用微视频、探访及直播带货、H5等形式，邀请网友走进“宝藏”县城，挖掘县域经济和乡村振兴背后的发展秘籍，生动呈现新时代中国县治新面貌，通过观察小县城的大发展映射中国式现代化之路；指导相关网站平台策划开展网络名人微访谈、“大咖说”、见“V”知著等融媒体项目，宣传阐释党的创新理论，鼓励引导网络名人结合重大宣传主题和社会热点话题，创作、传播优质内容，向网民传递积极正向的价值观，持续壮大主流舆论，助力营造风清气正的网络空间。“礼赞新时代 建功新征程”网络名人行活动，考察基层一线，探访乡村振兴成就，发挥网络名人网上影响力，用网言网语与网民分享所见所感，展示高质量发展的生动实践，讲好中国式现代化故事。

3.1.2 网络文明建设强化主阵地、践行新思想

网络文明是新形势下社会文明的重要内容，是建设网络强国的重要领域。过去一年，网络文明建设全面铺开、积厚成势，不断培育网络文化新风尚，丰富网络文明新实践，筑牢网络宣传主阵地，以时代新风净化和塑造网络空间，将网络空间逐渐构建成为有价值认同、有人文关怀、有情感归属的美好精神家园，切实增强亿万人民群众在网络中的获得感、幸福感、安全感。

1. 顶层设计不断加强，网络文明建设持续推进

近年来，中央网信办把网络文明建设作为网络强国建设的重要任务，从建设和治理两方面发力，推动网络文明建设全方位铺开、向纵深拓展，取得积极进展和明显成效。召开全国网络文明建设工作推进会，印发关于加强网络文明建设的实施方案，对新形势下加强网络文明建设作出全面部署，汇聚工作合力。2023年7月，以“网聚文明力量 奋进伟大征程”为主题的中国网络文明大会在厦门成功举办，大会主论坛环节发布了《中国网络文明发展报告2023》和2022年网评工作“创四优”竞赛成果，12场分论坛围绕互联网与文明创建、网络内容建设、网络生态建设、网络文明社会共建、算法治理、网络法治建设、网络辟谣、网络文明国际交流互鉴、数字公益慈善发展、数字文旅发展、数据安全和个人信息保护以及海峡两岸青少年网络素养建设等主题展开，全方位展现了我国新时代网络文明建设取得的一系列丰硕成果，为构建网络文明人人参与、人人受益的良好格局提供了许多鲜活案例与真知灼见。网络诚信建设高峰论坛聚焦网络诚信热点话题进行研讨交流，发布了“2022年中国网络诚信十件大事”、《中国网络诚信发展报告2023》等建设性成果，全面反映我国网络诚信建设取得的新进展、新成就，引导网民共同践行网络诚信理念。

2. 品牌工程深入实施，网络阅读、网络科普助推网络文明建设

争做中国好网民工程深入实施，2023年广泛开展校园、金融、职工、青年、巾帼铁路等好网民系列活动，让品牌效应更加凸显、网民文明理念深入人心。第六届“中国青年好网民”优秀故事揭晓，故事主人公来自弘扬时代新风、创作网络精品、活跃文化活动、守望网上阵地、助力网络治理五大类别，通过网络直播与现场讲述相结合的方式引发了网友热烈讨论和广泛关注，各渠道平台超过1000万人为候选故事点赞。2023年3月底，以“点点星火，汇聚成炬”为主题的“好评中国”网络评论大赛在长沙启动，引领更多网民感受网络评论力量、参与网络评论创作，用真实真挚的好评致敬可亲可爱的中国，升华爱国表达新“声”态、画好奋斗奋进同心圆。2022年度走好网上群众路线百个成绩突出账号得到通报表扬，有效激励了各地各部门以及党员干部通过互联网听民声、察民情、解民忧，更好地组织群众、宣传群众、凝聚群众、服务群众。“中国人的故事”网评品牌持续打造，用心用情讲好党的故事、新时代的故事、青年的故事，

团结青年网民以自信自强之姿挺膺时代大任。中央网信办广泛开展劳动模范、时代楷模、最美人物、身边好人等模范人物和先进事迹网络宣传，打造“亿缕阳光”“凡人微光”“星火成炬”等网上品牌栏目，深入实施网络公益工程，紧扣公益惠民属性，加强公益典型报道，为积极构建健康文明的数字公益慈善新生态贡献智慧，推动形成崇德向善、见贤思齐的网络文明环境。

作为新时代精神文明建设的关键载体，全民阅读对于促进国家文化繁荣、推动知识经济发展、促进知识普及和文化传承具有重要意义。近年来，媒介技术的进步使阅读逐渐由线下走向线上，数字阅读平台为全民阅读提供了舒适的阅读环境和丰富的阅读资源，进一步提高了全民阅读的参与度。除了全民阅读，知识科普也是提升网络文明水平的重要途径之一。科创中国、科普中国数字平台作为促进科技创新和科学传播的国家级平台和资源库，截至2023年3月，科创中国数字平台内容传播量累计达19.39亿次，科普中国数字平台有原创视频2.85万个、图文23万篇，总用户数6698.99万，累计传播量和话题总量1695.72亿人次，在提升公民科学素养、促进网络文明建设中发挥重要作用。

3. 网络文明活动在全网蓬勃开展，时代新风扑面而来

2023年1月，“网络中国节·春节”主题活动正式上线，开设专题专栏和互动话题，推出形式多样的融媒体产品，报道节日期间涌现的感人故事、暖心瞬间、凡人微光，让网上充盈浓郁的中国年味。清明节前，《关于规范网络祭扫秩序 倡导文明新风尚的通知》发布，要求网络祭扫平台充分重视传统节日的历史传承和文化价值，积极宣传优良民风习俗，不得发布传播歪曲历史、诋毁英烈等违法信息，同时引导网民合理通过网络祭扫表达对已逝亲人的哀思。

3.1.3 网络国际传播融通多语种、增强影响力

当前，网络国际传播面临技术迭代升级等一系列新挑战，加强国际传播渠道建设、打造全球数字平台成为提高国际传播能力的时代要求。各网站以战略传播理念为内涵，以中华优秀文化为基石，以增强国际传播效能为目的[1]，构建融通中外的新概念、新语境、新表述，通过网络渠道向世界讲好中国故事、传播好中国声音，展现可信、可爱、可敬的中国形象。

1 陈虹、秦静:《中国特色国际传播战略体系建构框架》,《现代传播》2023年第1期，第55—59页。

1. 主题主线报道展现“大国的样子”，话语创新提升人类命运共同体理念网络空间感召力

自2022年下半年起，习近平主席出访沙特阿拉伯，中美两国元首在巴厘岛面对面会晤，中国共产党与世界政党高层对话会，习近平主席对俄罗斯进行国事访问，西班牙、马来西亚、新加坡、法国、巴西等国家领导人访华等一系列元首外交取得了丰硕成果，引发了国内外网络媒体的高度关注。新华网相继发表《谱写中国特色大国外交新华章——2022年中国元首外交综述》《携手共行天下大道——2023年春季中国元首外交纪事》重磅深度报道，深刻阐释习近平主席重大外交理念，标注出中国与世界交往互动新高度。

中央新闻网站精心打造“红星何以照耀中国”“领航中国新时代”“求索·二十大二十问”等网络国际传播项目，制作短视频、图解、海报等融媒体产品，开展多语种多平台多渠道的网络国际传播，对外深入宣介党的二十大精神，生动讲述中国共产党的发展历程、执政理念、执政成就，鲜活展现民主务实、开放自信的中国共产党形象。中国网增强网络国际传播主动性，针对不同语言对象国受众阅读兴趣，开展区域性、分众化、多圈层的对外传播。例如，《报告“金句”》系列涉及英、德、日等7个语种，推出《党的二十大与中国外交》《世界难题的中国答案》《外国人眼中的中国共产党》等多语种海报产品，运用可视化手段介绍中国参与全球治理的方案与成效。

主流媒体和新闻网站高度重视网络国际传播能力建设，更新表达方式、丰富对话渠道，取得了良好的传播效果。人民日报新媒体平台推出中国共产党国际形象网宣片《CPC》和国家形象网宣片《PRC》，并上线12种外国语版本。2022年“中国热词”共推出40集短视频，海内外总播放量超过5200万次，很好回应了海外网友对中国的关切，向世界展示中国的新发展、新变化。中央新闻网站策划实施“人类命运共同体”“‘一带一路’百国印记短视频大赛”“新时代，我在中国”“高质量发展面面观”等项目，打造自然态、烟火气、有影响力、有吸引力的系列融媒体产品，通过互联网广泛宣介中国式现代化发展成就，深入阐释人类命运共同体内涵价值，以对外传播的“自塑能力”消融壁垒与隔阂，让海外受众真实客观地认知中国，让更多中国故事“出圈出海”。

2. 关键议题放大中国声音，加强国际舆论引导力

放眼世界，百年变局加速演进，地缘政治形势紧张，全球多重危机交织叠加，国际风云纷繁变幻。在乌克兰危机、佩洛西窜访台湾事件、沙特伊朗“北京和解”等世界关键议题上，主流媒体和新闻网站坚定立场、守牢底线，表达中国立场、阐释中国理念、传播中国声音。中央新闻网站第一时间发布中国外交部《关于政治解决乌克兰危机的中国立场》文件。在佩洛西窜访台湾事件上，新华网连续刊发《佩洛西窜访台湾六宗罪》《佩洛西窜台的若干事实》等新闻评论，人民网发表《国际社会强烈谴责佩洛西窜访中国台湾地区》《佩洛西窜台，我方反制不会是一次性的》等新闻报道，明确清晰地表明了中方的坚定立场。2023年3月，中国、沙特、伊朗发表三方联合声明，宣布沙伊恢复外交关系，各主流媒体及网站及时跟进，深刻诠释背后的重要意义和重大贡献，如中国网《世纪和解：沙特与伊朗握手言和的意涵与启示》等系列报道凸显了中国作为一个负责任大国对地区与世界和平的不懈追求。

此外，央视新闻新媒体账号采用“主持人Vlog”展现大国外交最前线，以主持人为叙事载体，通过具有“亲和力”的方式深度剖析中国外交的内涵与外延，表达中国作为大国在国际外交上所做的努力和尝试，扩大了国内国际影响力，树立了中国的大国形象。广大网民在微博、B站、推特等海内外社交平台广泛转发外交部新闻资讯，并自发进行二次创作，有力推动中国声音走向世界。

3. “Z世代”“洋网红”作用凸显，路径创新赋能网络国际传播效能全面提升

出生于1995—2009年的“Z世代”和亲身感受中国的“洋网红”凭借其综合的跨文化沟通能力、内容生产能力、新媒体传播能力、社会影响力，在网络国际传播中的重要性日益显现。成都市将传统文化与互联网相结合，面向“Z世代”受众，打造“民乐也疯狂”短视频IP，以“民乐艺术+城市文化”的形式，颠覆民乐传统演奏场景，创作生产符合海外网络传播规律的音乐短视频百余条，在抖音、优兔、Instagram、脸书等国内外社交平台上收获120多万用户关注。《中国让我没想到》留学生视频栏目在中国日报网推出，以在华外国留学生为叙事主题、以海外“Z世代”为主要目标受众，促进中外青年民心相通。中国网针对海外“Z世代”，策划《与中国对话》《Vlogger在中国》等微视频，邀请在华外籍留学生前来录制，聚焦国际视野下的中国热点话题，提高

网络国际传播融通性。

新华网发布的《“洋记者”感知中国：“我对中国踏上的新征程充满信心”》系列短视频以长期在中国工作生活的外籍记者过去10年到中国各地拍摄的难忘照片为切入点，为海外受众解读二十大报告。中国网制作《在中国寻找答案》多语种专题片，邀请11位外籍主持人使用英、法、西、日、俄等8种语言，以体验式采访、中外学者点评的方式，探访总书记考察调研地，紧扣共同富裕、乡村振兴等重点议题，介绍中国实践、解析中国方案、解读中国智慧。“中国有约·读懂百年大党”“打卡中国·最美地标”等活动通过组织在华外籍知华友华人士、外籍博主，深入天津、吉林、内蒙古、山西等地，围绕党的十八大以来在经济建设、生态文明建设、社会建设等方面取得的历史性成就开展采访报道，打卡中国人民心之所向的美好生活，通过英文、韩文、俄文等8种语言推动中华文化网络国际传播，海内外总浏览量达到26.6亿次。

3.1.4　网络内容供给紧贴新需求、渲染共情感

无论传媒形态如何演进，技术支撑如何变革，内容依然是网络媒体立业之本。在数字化时代，丰富的优质内容供给在纷繁复杂的网络空间中显得尤为重要。网络内容生产需要紧密贴合网民感受和需求，通过优质内容的创作和传播实现“靶向供给”，拉近网络传播距离，激发情感共鸣，增强文化认同。

1. 以新语态为纽带，增进共情式互动

在移动互联、社交媒体、短视频等传播形态迅猛发展的新媒体环境中，应力求实现话语表达创新，稳、准、狠抓住用户接受信息的共情点，联通媒体与用户之间的传播纽带，让优质内容真正触达用户内心。浙江宣传公众号坚持用普通人视角平视现实，直面热点、解剖难点，开门见山、直截了当，立场鲜明、亮出观点，《历史不会浓缩于一个晚上》《“高铁掌掴”事件背后的舆论陷阱》等文章在移动端热传，不搞长篇大论，不回避问题，第一时间发出理性声音、产生共情共鸣，在互联网海量信息中聚拢眼球，让读者深深感受到常理常情总能激荡人心。深圳市卫健委公众号以“最靠谱的科普，最有趣的灵魂”为口号，致力于打造一个权威又亲民的医疗卫生政务新媒体账号。该公号封面页多采用“表情包+标题+一句话摘要”的形式，灵活采取长图漫

画、短视频等“接地气”的传播方式，以独特的年轻态话语风格让优质原创内容的“硬科普”更有趣，以充满亲切感的话语表达迅速拉近与用户的距离。

2. 以新技术为桥梁，营造沉浸式体验

技术变革是推动媒体转型和融合的关键动力，先进技术的运用能够为内容创作与传播提供强大的支撑。一年来，新闻媒体及其网站借助重大主题报道全力强化技术引领和赋能，通过科技创新推出众多“爆款”精品节目，让新闻产品从“可知”迈向“可感”。2023年全国两会期间，新华社客户端重点打造“元宇宙·职业新体验”系列报道，依托元宇宙前沿技术，讲述了多位人大代表的故事，借助“数字孪生+高仿真数字人”技术，营造“人+场”互动元宇宙空间，通过虚实相融的“穿越式”场景让用户“走入”新闻中，变旁观者为见证者，提升了受众体验感、参与感、沉浸感，也增加了用户对内容的获得感和认同感。[1] 央视网和抖音联合推出《种花家这十年 一路生花》，综合运用互动游戏、手绘国漫等年轻态表达方式，让用户通过人工智能换脸技术扮演航天员、运动员、新农人等五类角色，身临其境体验空间站实验、滑冰馆花滑、新农村直播带货等场景，充分发挥场景化传播的积极效应。

3. 以新创意为枢纽，激发用户情感与认同

截至2023年6月，中国短视频用户规模达10.26亿，网络直播用户规模达7.65亿，网络音乐用户规模达7.25亿，网络游戏用户规模达5.49亿，应用水平持续提升。[2] 随着用户网络阅读和使用习惯的改变，短视频逐渐成为信息获取和知识传播的重要渠道。短视频用户数量持续增加，为内容创意生产和传播注入活力。13位借助互联网传授知识的退休教师荣获感动中国2022年度人物，他们利用短视频与直播创造性地将讲台搬到网络上，打破了知识在物理和时空上的边界，让每个爱学习的人都有平等接触优质资源的机会。在网络直播领域，直播带货与公益传播的有机结合成为一大亮点。湖南广电集团将“直播带货+综艺+助农”三大元素有机结合，开展“芒果TV青春助农”直播公益活动，深入祖国大好河山，追寻特色好物，全方位展现新农村的新面貌。

1 齐慧杰、胡国香、唐颢宸、孔唯千、邱世杰：《新技术赋能重大主题报道创新——以新华社“元宇宙·职业新体验”两会报道为例》，《新闻战线》2023年第8期，第66—68页。

2 中国互联网络信息中心：《第52次中国互联网络发展状况统计报告》，2023年8月。

在网络音乐上，演唱会脱离场馆的桎梏，观演空间得到空前扩大，线上演唱会的开展，带来一次次全民的视听盛宴。《声生不息·港乐季》《声生不息·宝岛季》等艺术精湛的音乐力作借助网络持续热播、影响广泛，使观众感受到血浓于水的情怀共鸣、情谊相连、民族认同。在网络游戏方面，传统文化、名胜古迹等内容以数字形式创新性展现，使用户游戏体验的路径与感知文化的路径高度重合，例如《王者荣耀》与中国航天、中国农业博物馆联动，推出“梦圆繁星”和“五谷丰年”两款皮肤，生动反映出中国航天事业从0到1的伟大历程以及中国农耕文化对五谷丰登的美好祈愿；古风模拟游戏《叫我大掌柜》深入挖掘传统文化元素与游戏产品的结合点，将《闹天宫》《白良关》等经典京剧剧目中戏曲、唱词、脸谱等元素融入游戏中，让玩家在轻松的氛围中随时随地、潜移默化地领略中华文化的魅力。

3.2　网络综合治理体系基本建成，治网管网能力全面提升

当前，互联网已成为意识形态斗争的主阵地、文化繁荣发展的新空间、亿万民众精神生活的新家园。从党的十九大到十九届四中全会再到二十大，经历了“建立网络综合治理体系”到“建立健全网络综合治理体系”再到“健全网络综合治理体系，推动形成良好网络生态”的转变，我国网络综合治理体系不断走深走实。多年来，全国网信系统始终坚持系统性谋划、综合性治理、体系化推进，建立起党委统一领导、多主体协同、多手段结合的综合治网格局，不断推动网络治理向过程治理、协同治理转变，网络综合治理体系基本建成，治网管网能力全面提升。

3.2.1　坚持系统谋划、综合治理，网络治理向科学化发展

一年来，全国网信系统主动对标国家治理体系和治理能力现代化，站在更高的起点上规划、推进网络治理体系建设，完善网络治理相关法律法规，开展常态化专项治理行动，深化互联网领导管理、正能量传播、网络内容管控、社会协同治理、网络法治、技术治网等六大体系建设，促进网络治理向法治化、专业化、科学化发展，进而推动实现由“管”到“治”的根本转变。

1. 完善网络治理法律法规，共筑网络空间“治理之基”

运用法治观念、法治思维和法治手段推动互联网发展治理，已经成为全球普遍共识。一年以来，网信工作坚持把建立健全网络综合治理体系作为“牛鼻子”工程，强化统筹协调、突出主题主线、破解难点问题、注重跟踪问效，治网管网水平稳步提升。2022年下半年，国家互联网信息办公室相继发布《互联网用户账号信息管理规定》《互联网弹窗信息推送服务管理规定》《移动互联网应用程序信息服务管理规定》等部门规章或规范性文件，明确账号信息注册、使用规范以及账号信息管理规范，增加账号IP地址归属地等展示要求、违规责任追究等规定，建立健全弹窗信息内容管理制度要求，加强弹窗信息服务推送服务规范管理和生态治理，全面压实应用商店、小程序平台、应用中心等分发平台信息内容管理责任。2023年2月，国家互联网信息办公室以部门规章形式出台《个人信息出境标准合同办法》，细化了个人信息通过与境外接收方订立标准合同方式出境制度，创新了网络空间治理的综合治理机制。2023年3月，国家互联网信息办公室发布《网信部门行政执法程序规定》，规范和保障网信部门依法履行职责，保护公民、法人和其他组织的合法权益，全面推进严格规范公正文明执法，做到事实清楚、证据确凿、依据准确、程序合法。2023年7月，中央网信办秘书局发布《关于加强“自媒体”管理的通知》，从标注信息来源、斩断利益链等方面着手，有效破解“自媒体”信息内容失真、运营行为失度等深层次问题，压紧压实网站平台主体责任，警示“自媒体”做好自我管理，推动形成良好网络舆论生态。

在人工智能治理方面，国家网信办、工业和信息化部、公安部于2022年11月联合发布《互联网信息服务深度合成管理规定》，明确任何组织和个人不得利用深度合成服务制作、复制、发布、传播法律、行政法规禁止的信息，并要求深度合成服务提供者应当建立健全辟谣机制。2023年7月，国家网信办联合国家发展改革委、教育部、科技部、工业和信息化部、公安部、广电总局公布《生成式人工智能服务管理暂行办法》，提出国家坚持发展和安全并重，促进创新和依法治理相结合的原则，采取有效措施鼓励生成式人工智能创新发展，并提出了促进生成式人工智能技术发展的具体措施。

2. 开展常态化专项治理行动，确保标本兼治、长治长效

根除顽瘴痼疾很难一蹴而就，治网管网必须把依法治理、集中治理和常态化治理有机结合起来，坚持标本兼治，完善长效治理机制，确保有乱必查、有害必除，让互联网在正确轨道上健康运行。在网络暴力方面，中央网信办开展“清朗·网络暴力专项治理行动”，并于2022年11月印发《关于切实加强网络暴力治理的通知》，通过建立完善监测识别、实时保护、干预处置、溯源追责、宣传曝光等措施，拦截清理涉网络暴力信息2875万条，从严惩处施暴者账号2.2万余个，对肆意施暴者坚决“亮剑”，切实维护好广大网民的合法权益。在网络直播、短视频领域，开展“清朗·整治网络直播、短视频领域乱象”专项行动，聚焦信息内容呈现问题，优化榜单设置，有效治理直播打赏失度问题，强化网红账号管理，压实MCN机构信息内容管理责任，并印发《关于进一步规范网络直播营利行为促进行业健康发展的意见》，着力构建部门协同长效监管机制，加强网络直播营利行为规范性引导。2022年12月—2023年2月，开展“清朗·移动互联网应用程序领域乱象整治”专项行动，以应用程序分发平台规范管理为抓手，集中治理网民反映强烈的突出问题，加强对应用程序信息内容巡查监看，从严处置处罚违法违规应用程序，指导地方网信部门按照《移动互联网应用程序信息服务管理规定》有关要求，依法依规开展备案工作，有效净化了应用程序分发领域网络生态。2022年，中央网信办组织开展13项“清朗”专项行动，清理违法和不良信息5430余万条，处置账号680余万个，下架APP、小程序2890余款，解散关闭群组、贴吧26万个，关闭网站7300余家，以利刃出鞘、精准打击、发力增效坚决遏制各类违法违规问题，不断提升网络空间治理效能。2023年，中央网信办注重网民关切、难题破解、治理创新，以“推动形成良好网络生态”为工作目标，聚焦新问题和难点瓶颈，重点开展整治春节网络环境、整治“自媒体”乱象、打击网络水军操纵信息内容、规范重点流量环节传播秩序、优化营商网络环境、保护企业合法权益、整治生活服务类平台信息内容乱象、整治短视频信息内容导向不良问题、整治暑期未成年人网络环境、整治网络戾气9项专项行动。在“清朗·2023年春节网络环境整治”专项行动中，对借春节档电影挑起互撕对立、编造虚假信息、传播低俗信

息、诱导未成年人沉迷网络等突出问题严加查处管控，累计拦截清理违法不良信息119万余条，处置违规账号、群组16万余个。在“清朗·从严整治‘自媒体’乱象”专项行动中，各级网信部门依法依规处置“自媒体”造谣传谣、假冒伪冒、违规营利等突出问题，重点平台累计清理违规信息141.09万余条，处置违规账号92.76万余个，其中永久关闭账号6.66万余个。

与此同时，中央网信办精心组织网上“扫黄打非”工作，深入排查处置网上涉黄涉非突出问题，聚焦网站平台首页首屏、热搜榜单、热门话题、PUSH弹窗和重要信息内容页面等重点位置板块，及时清理淫秽色情、低俗庸俗、血腥暴力、恐怖惊悚等违法和不良信息，营造更加清朗的网络空间。据统计，全国网信系统2022年累计依法约谈网站平台8606家，警告6767家，罚款处罚512家，暂定功能或更新621家，下架移动应用程序420款，会同电信主管部门取消违法网站许可或备案、关闭违法网站25233家，移送相关案件线索11229件。为优化企业营商环境，中央网信办组织开展“优化营商网络环境 保护企业合法权益”专项行动，集中整治网上涉企业、企业家虚假不实信息和恶意损害企业、企业家声誉，谋取非法利益等行为。专项行为期间，受理涉企信息举报约14.8万条，处置有效举报约8.6万条，处理违法违规账号约3.75万个，关闭封堵网站214家，下架移动应用程序25个。中央网信办举报中心以“拟上市企业”为试点，开展涉企网络侵权举报线下快速受理处置通道工作，依法依规协助处置了一批侵犯“拟上市企业”网络合法权益的虚假不实信息，为企业健康规范发展积极营造良好网上舆论环境。2022年12月，中央网信办秘书局、中国证监会办公厅印发《非法证券活动网上信息内容治理工作方案》，最大限度压缩股市“黑嘴”、非法荐股活动网络生存空间，切实维护清朗网络空间与社会和谐稳定。另外，中央网信办加强金融信息服务管理，严厉打击涉金融网络诈骗，注重对互联网信息服务单位内容从业人员的管理，会同相关部门积极做好互联网领域反垄断和防止资本无序扩张工作，着力优化平台经济发展环境，维护市场公平竞争秩序，推动互联网领域高质量发展。

中央网信办全面推进网络内容从业人员监督管理。强化从业人员培训，举办中央互联网采编人员培训班、中央新闻网站从业人员网络培训班，指导各地网信办开展好属地网站平台培训工作。2022年已将5万多名从业人员纳入从业人员管理信息系统登记管理。截至2023年6月底，推动核发记者证范围扩展到16家中央新闻网站、53家地方新闻网站，取得记者证的人数6500余人。

中央网信办扎实推进电信网络诈骗犯罪打击治理相关工作。加强账号昵称、私信、群组等重点环节审核，挖掘疑似诈骗以及机器人刷单相关信息，对存在涉诈风险账号进行识别和处置，深入清理涉诈有害信息。截至2022年底，累计发现涉诈网站272万余个，涉诈APP共18万个，涉诈电话8.7万个。推动建立厂商联动预警机制，已累计预警劝阻超71亿人次，涉及近3亿部手机终端。2022年会同公安部开发的国家反诈中心APP累计注册用户超5.3亿人，累计发出预警3.5亿人次，国家反诈大数据平台成立以来支撑公安部通过平台下发预警线索1.74亿条。

3.2.2　创新社会协同治理，打造向上向善的网络生态

互联网治理单靠政府无法解决发展过程中的所有问题，同时，更需要互联网企业、社会组织、网民多方主体的主动参与，汇聚各方资源力量，共同承担治理责任，共筑网络安全防线，保障网络综合治理成效。

1. 互联网企业压实主体责任，实际行动彰显担当作为

当下，网站平台已经成为信息内容生产传播的重要载体，兼具社会属性和公共属性，在坚持正确价值取向、保障网络内容安全、维护网民合法权益等方面，具有不可替代的地位和作用。压实互联网企业主体责任，日益重要而迫切。新修订的《互联网跟帖评论服务管理规定》重点明确了跟帖评论服务提供者应当按照用户服务协议对跟帖评论服务使用者和公众账号生产运营者进行规范管理。许多互联网平台借助技术手段，创新跟帖评论的自动过滤和筛查辨别系统，辅助人工审核，从底层算法到审核规则再到审核编辑人员经验，整体提升跟帖评论审核的速度、力度和准确度。抖音发布《关于人工智能生成内容的平台规范暨行业倡议》，针对人工智能生成的视频、图片和衍生的虚拟人直播，首次明确其在平台内的行为规范——发布者应对人工智能生成内容进行显著标识，虚拟人必须由真人驱动进行实时互动，禁止利用生成式人工智能技术创作、发布侵权内容。

此外，互联网企业针对“一老一少”重点发力。首先，网络平台从思想

认识上高度重视未成年人网络保护工作，从产品设计和内容管理上主动嵌入未成年人保护思维，构建更加完善的未成年人网络保护体系。腾讯成长守护平台致力于以亲子互动帮助青少年培养健康游戏和娱乐习惯，既倡导家长与孩子沟通、协商、互动，又给予必要管控来帮助孩子。快手、哔哩哔哩相继发布《未成年人保护报告》，在充分实践网络保护社会责任的同时，重视未成年人的成长需求和学习需求，赋予未成年人保护更广阔的空间。其次，面对人口老龄化和社会数字化的双重背景，腾讯研究院发布《隐形的守护：银发科技蓝皮书2022》，关注引发科技的创新、场景赋能和未来思考，基于社会共创、行业共创和内部共创的理念积极推动数字化和老龄化相结合。滴滴成立"老年人打车"专项组，通过"大字版、无广告、精简化"的页面布局和"全程语音播报提示""子女代支付"等方式解决老年人看不清、看不懂的问题。

在网络暴力防治方面，抖音、微博、小红书、快手、豆瓣、哔哩哔哩、百度多家网站平台发布防网暴指南手册，从风险提示、一键保护、私信保护、举报投诉等多个维度，帮助网民快速有效防范网暴侵害。通过进一步压实互联网平台主体责任，逐步实现"要我管"向"我要管"的转变。

2.社会组织发挥自身优势，促进网络生态健康发展

目前，社会组织逐渐成为中国网络治理机制的重要一环，从整合社会资源、调动社会力量等不同角度、不同领域参与到中国互联网基础设施建设、打造良好网络生态等工作中。2023年5月，中国互联网协会发布《加强互联网平台规则透明度自律公约》，旨在维护公平竞争、合理有序的市场环境，保护互联网平台各相关主体的合法权益，促进我国互联网行业健康可持续发展。中国网络社会组织联合会与中国网络视听节目服务协会、中国演出行业协会在2023年抖音直播行业生态大会上共同发起直播行业发展倡议，希望加强行业标准制定，为行业规范发展提供支撑，推动直播行业健康有序发展。

中国互联网协会借助互联网公益日，发布《"互联网应用适老化及无障碍改造公益行动"实施方案》，深入推动充分兼顾老年人、残疾人需求的信息化建设，推进包容性数字社会可持续发展，充分彰显数字技术适老化的公益性和社会性，弥合信息通信技术发展过程中产生的数字鸿沟。中国互联网发展基金会主办"2022全国互联网法律法规知识云大赛"，升级改版全国互联网法律

法规宣传平台，制作并传播“普法微课堂”视频，着力提升网民的网络法治素养。“跨越数字鸿沟——社区数字素养示范项目”向老年人持续提供社交软件使用、网络购物、网约车、预约挂号等生活场景的专题培训及课程指导，帮助老龄群体提升数字素养，更好地融入现代生活，从而助力数字社区建设。2023年3月，中国网络社会组织联合会与联合国妇女署中国办公室等部门主办联合国妇女地位委员会第67届会议高级别边会“缩小数字时代的性别差距：利用技术和创新推动亚太和非洲地区妇女的经济赋权”，首次披露了基于“她向未来·数字木兰创业计划”的多国调研报告，总结了由女性领导的中小微企业在数字化时代面临的挑战和机遇，分享了中国在数字时代保护女性合法权益、促进女性发展的政策与实践。

3. 网民积极举报辟谣、建言献策，共建全民参与的良好氛围

为了打击网络谣言，中央网信办举报中心通过中国互联网联合辟谣平台推出“今日辟谣”专栏并创新开展网络辟谣标签工作，组织腾讯、微博等12家大型网络平台对已查证谣言标记谣言标签，给网络谣言贴上“识别码”，在对涉及公共政策、突发事件、医疗健康、民生热点等领域的网络谣言及时回应、集中曝光的同时，也引领广大网友积极提供谣言线索，挤压网络谣言生存空间，共同阻断谣言传播链条，让网络谣言无处遁形。2022年以来，举报中心充分发挥举报“窗口”作用，开设系列举报专区，积极畅通中心官网、12377热线、邮箱等举报渠道，直接受理举报764.4万件，指导各地网信办举报部门受理举报1160.6万件、全国主要网站受理举报1.97亿件。针对网民举报热点，举报中心通过转载互联网违法违规典型案例，进一步宣传互联网法律法规知识，有效营造全民参与举报的良好局面。

与此同时，中央网信办举报中心督促互联网企业接受公众监督。2022年9月，组织第九批共617家网站平台向社会统一公布举报受理方式。至此，向社会统一公布举报受理方式的网站平台已达到4100余家，基本覆盖了新闻资讯、社交互动、直播、音视频、搜索引擎、浏览器、电商购物等多个类别的主要网站平台。

此外，全国各地陆续开展举报辟谣主题行动，提高网络举报工作的社会知晓度和群众参与度，推动网络举报监督与基层治理相融互促、同频共振。江苏泰州多地启动“网络举报大篷车”活动，现场实操网络举报流程步骤，鼓励群

众积极参与网络举报；广东省互联网违法和不良信息举报中心官网开设“涉仿冒诈骗类网站平台举报专区”，专项受理公众举报；新疆乌鲁木齐开展“积极参与网络举报 共同抵制网络谣言”主题宣传活动，进一步增强网民的识谣辨谣能力，鼓励网民通过多种渠道及时举报网络谣言线索，以全民参与共筑风清气正的网络环境。

3.2.3 加强未成年人网络保护，赋能青少年健康成长

随着互联网技术的加速渗透，数字化环境对青少年的生活方式产生前所未有的冲击，使其成为真正意义上的“数字土著”。官方数据显示，我国未成年人网民规模达1.91亿，互联网普及率高达96.8%，触网低龄化趋势明显。[1] 如今，伴随着智能手机等移动上网设备的日益普及，互联网已经深度融入青少年的日常生活之中，成为青少年休闲娱乐、社交互动、在线学习不可缺少的工具，并对其社会化过程发挥能动作用，如何正面引导青少年健康用网成为社会各界普遍关注的热点议题。

作为技术保护未成年人网络行为的重要手段，“青少年模式”自2019年3月试点上线以来得到不断完善和持续升级。2023年3月初，微信将“青少年模式”设置成一键开启，进入视频号将能看到精选的适合青少年的内容，父母或监护人可以设置微信支付的限额（包括“每日消费限额”和“单次消费限额”）。绿苗计划通过打造暑期公开课、搭建“云剧场”、组织“文博探秘”直播持续为青少年提供专属精品内容。5月，抖音、快手、微信、哔哩哔哩、TT语音等互联网企业共用制定并发布《网络表演（直播与短视频）行业“青少年模式”自律规范》，进一步落实企业责任，通过多重流程审核、内容精细分级、智能识别检测等举措优化青少年模式，将未成年人网络保护落到实处。

2023年1月“清朗·2023年春节网络环境整治”专项行动，集中清理欺凌恶搞未成年人或诱导其从事危险动作的视频内容，严管向未成年人传播色情低俗、血腥暴力信息等问题，整治违规租号买号，预防未成年人尤其是农村留守儿童沉迷网络。“清朗·2023年暑期未成年人网络环境整治”专项行动聚焦有

1 共青团中央维护青少年权益部、中国互联网络信息中心：《2021年全国未成年人互联网使用情况研究报告》，2022年11月。

害内容隐形变异、网络欺凌、隔空猥亵、网络诈骗、不良内容、网络沉迷、新技术新应用风险等突出问题，坚决遏制侵害未成年人权益的违法行为，提升学习类APP、儿童智能设备等专属产品服务信息内容安全标准，营造有利于未成年人健康安全成长的网络环境。

儿童成长教育是全世界始终关注的重要课题，面对人工智能技术的迅猛发展，如何通过人工智能保障未成年人身心健康、引导未成年人学习教育、维护未成年人切身权益成为当下思考和讨论的重点话题。中国网络社会组织联合会在2022年联合国互联网治理论坛上介绍了《基于人工智能技术的未成年人互联网应用建设指南》标准建设的相关情况，结合企业案例对基于人工智能技术的未成年人网络服务模式和效果进行了有益探讨。此外，中国网络社会组织联合会与联合国儿童基金会共同开展人工智能为儿童调研和案例征集推广项目，出版了《人工智能为儿童——面向儿童群体的人工智能应用调研报告》，在光明网开设案例展播专题网页，通过加强宣传推广发挥典型示范效应，为全球提供人工智能为儿童的中国方案。

除了限制性、硬性的网络保护措施，以网络素养教育为代表的长期性、软性手段致力于培育青少年自身对网络诱惑的免疫力，提升未成年人对网络信息的辨识能力和合理使用网络的自控能力，其功效逐渐得到学术研究的证实和政府部门的重视。共青团中央推出《团团微课：青少年网络素养公开课》系列网课，旨在通过“堵疏结合”的方式引导未成年人合理应对网络沉迷、网络欺凌、网络诈骗等风险问题，培养和提高未成年人的网络素养，增强未成年人科学、文明、安全、合理使用网络的意识和能力，保障青少年在网络空间的合法权益。

3.3　导向为魂、创新为要，媒体融合迈入全面发力、提质增效新阶段

媒体融合发展从最初的转观念、做产品、建平台，到由表及里、由点到面逐步铺开，现在已经进入全面发力、提质增效的新阶段。当前，县级融媒体中心全覆盖基本实现，政务新媒体形成规范、创新、融合发展新格局，新型主流

媒体建设成为传媒领域提升自我造血功能的重要着力点，媒体融合纵深发展向智能化全媒体生态系统的目标迈进。

3.3.1 媒体深度融合扎实推进，全媒体传播体系加速建设

媒体深度融合的目标是构建全媒体传播体系。推动全媒体传播体系建设的必然要求是把握技术应用给新闻生产传播方式带来的深刻影响，洞悉媒体融合发展的新趋势、新方向，通盘考虑主流媒体融合发展的目标任务，构筑线上线下、内宣外宣的舆论同心圆。自2014年上升至国家战略以来，我国媒体融合向纵深发展，全方位深入到党和国家的重点工作中。2023年，“扎实推进媒体深度融合”首次写入全国两会政府工作报告。党的二十大报告指出，要加强全媒体传播体系建设，塑造主流舆论新格局。一年来，从中央媒体贯通到省、地、县级媒体的融合发展都迈上了新台阶。

2023年除夕，中央广播电视总台“竖屏看春晚”在腾讯视频号、央视频、央视新闻等播出端圆满呈现。总台开创的电视、手机、互动大屏三位一体的传播新模式，在采集、制作、传输、呈现各节点进行了技术优化及创新应用，比如充分运用XR（扩展现实）、AR（增强现实）等前沿科技，打造生动逼真的虚拟舞台，在科技的融合创新中为用户带来了一场立体生动的视听盛宴。在全国两会召开之际，人民日报海外版新媒体“侠客岛”推出“侠客岛两会观察”系列融媒产品，围绕两会热点和政策展开解读，采用融合传播形式，既在人民日报海外版两会特刊上开设专栏，又同步推出短视频和微信、微博等新媒体产品，在舆论场中引发热烈反响。新华社推出“加油中国人”大型H5互动报道，以点赞形式让广大民众参与到一年一度的全国盛会中，互动报道不仅实现跨平台传播，也同步在全国线下联动展播，实现手机“小屏”与线下“大屏”跨屏传播，形成强大的报道声势。除了主流媒体，地方融媒体也积极参与到时政传播与国家治理中。江苏广电总台荔枝新闻客户端在两会期间推出互动创意性成就类产品《历史叩问·时代作答》，以融合互动海报组图的形式，围绕“中国式现代化”的若干要求，回答了历史和时代之问，全网阅读量超1000万人次。芒果TV推出创意拼图H5《“拼”出美好生活新图景》，依次展现乡村振兴、教育、文化等九方面的民生举措，极大增强了用户沉浸式体验。

此外，人工智能技术在内容生产中的参与度越来越深，从智能采集、智能生产、智能分发、智能反馈全过程赋能新闻生产，助推智能化全媒体传播体系建设。人民日报AI编辑部的“多模搜索”功能提供文本、图片、视频、多语言、语义搜索等业务场景，快速提升编辑记者的信息搜集效率。新华社的智能采访终端APP能够适应不同移动报道场景，一部手机就能完成融媒体稿件的处理。央视网AI编辑部中的“智媒数据链”“智闻”产品，通过挖掘全网大数据，可快速捕捉全媒体实时热点信息，追踪热点发生源头与发展脉络，帮助记者精准挖掘有价值的素材信息，更好地完成新闻生产。

3.3.2　县级融媒体深耕本土新闻，参与基层治理，服务乡村振兴

加强县级融媒体中心建设，是推动媒体融合向纵深发展的基础环节，也是促进社会治理“最后一公里”建设的有力抓手。在国家一系列战略规划的推动下，县级融媒体中心在融合与创新中，不断强化引导功能和服务功能，在基层社会治理、舆论引导能力建设、乡村文化振兴等方面的积极作用日益彰显。

一年来，县级融媒体中心发挥贴近基层、贴近群众、接地气的优势，改变单一枯燥的说教范式，坚持内容创优，深耕本地新闻，发现本土化、个性化的素材并创作人民群众喜闻乐见的内容产品，美丽乡村、典型人物、特色农产品的出镜率、阅读量、点赞量节节攀升。浙江长兴传媒集团专题片《了不起的企业家》《我们的村干部》，从普通人、普通家庭的视角切入，用真实感人的故事，展示国家政策给人民生活带来的巨大变化。尤溪县融媒体中心策划开设人物纪实类系列节目《喜迎二十大 百村书记说》，在全县挑选百名村党支部书记，以第一视角讲述美丽乡村的蜕变故事，推介乡村产业特色，展望乡村未来发展。海宁传媒中心推出《潮妹城铁西游记》，沿着杭海城际铁路，前往代表性村庄，寻找共同富裕基因。

在参与基层治理、服务乡村振兴中，县级融媒体中心在“新闻+N”模式上进行了艰苦而有益的探索，充分发挥“全媒调度、全网传输、全域覆盖”的优势，提高基层社会治理效能，服务百姓生活与乡村振兴，努力建成主流舆论阵地、社区信息枢纽、综合服务平台。北京市东城区融媒体中心充分利用“1+18+N”融媒体传播平台，将正面宣传与线上服务全面结合，打造“新闻+

政务+服务+监督+商务”的多功能融合平台。重庆市巴南区融媒体中心扩展“新闻+”，推动“融媒体+商城”深度融合，面向社会提供文化经济服务，借助看巴南客户端等平台，推销本地农副产品，增加农民收入。云南省丘北县融媒体中心、贵州省修文县融媒体中心充分挖掘当地少数民族乡村文化，将少数民族生活方式、日常习俗、工艺品制作等与当地旅游资源相结合，通过新媒体平台加以宣传推广，展现了独具特色的乡村文化符号，提升了当地旅游景点的辨识度，打造了具有一定影响力的乡村旅游品牌。

在传播渠道与体系建设方面，县级融媒体积极入驻人民号、央视频、现场云等国家级主流媒体平台，开通抖音、快手、视频号、今日头条等社交平台账号，并源源不断地推送优秀作品。新华社和中央广播电视总台还分别上线“县级融媒体专线”和“全国县级融媒体智慧平台”，助力县级融媒体中心形成渠道丰富、覆盖广泛、传播有效、可管可控的移动传播矩阵，延伸覆盖面，放大传播效应。

3.3.3 政务新媒体加强功能建设与政民互动，创新网络治理新模式

一年以来，各地区、各部门大力推进政府网站和政务新媒体规范建设和集约融合发展，充分发挥政务新媒体传播速度快、受众面广、互动性强等优势，不断强化发布、传播、互动、引导、办事等功能，为人民群众提供更加便捷实用的移动服务，引导公众依法有序参与公共管理、公共服务，共创社会治理新模式。

全国1.4万个政府网站、10.3万余个政务新媒体构建信息发布矩阵，加强权威信息发布解读，整体联动、协同发声，第一时间发布党中央、国务院重大决策部署，扩大信息传播覆盖面。各级政务新媒体充分运用移动端传播优势，通过海报、短视频、动漫、图解等多种方式解读政策、回应关切，全年发文总量超2000万篇。各级政府通过政务网站互动交流平台，积极开展网络问政，通过多种方式听民意、汇民智，91%的省、市、县级政府能够在5个工作日内对简单常见问题做出有效答复。各级各类政府网站高效办理“我为政府网站找错”平台网民留言，在3个工作日内解决网民反映的政府网站信息发布不准确、网站服务不可用等问题，2022年共处理相关留言4.5万条，办结率高达99%。

此外，政务新媒体创新政策信息服务方式，推动政府决策科学化、民主化。国务院办公厅依托互联网技术做准做精做细解读工作，延长政策解读链条，国务院政策问答平台累计集纳6000多条政策问答，累计回答网民提问200万次。在全国两会前，国务院办公厅依托政府门户网站、联合网络媒体平台开展网民建言征集活动，累计收到建言近百万条，向政府工作报告起草组转达有代表性的意见建议1000余条，为报告起草提供网络民意参考。

国家反诈中心以微信视频号为龙头，同时在微博、抖音等7个平台开通官方政务号，构建反诈宣传新媒体矩阵，一大批接地气的反诈歌曲、反诈民警实录、反诈微电影、反诈古装剧等作品直击人心，并针对最新骗术，及时发出预警防范提示，开展精准反诈宣传。“粤省事”微信公众号和小程序聚焦群众生活需求，“双驱”并行提供“指尖办、一次办”服务，通过精准化、情感化、可视化运营使养老、社保、公积金等与群众生活密切相关的主题变得新颖有趣，不断推出资讯信息和服务指南。中国气象局微博在高考、春运、汛期等重要时间节点，以接地气的表达方式和亲民的话语体系，通过视频直播等方式，让气象专家和网友面对面，传递真实的天气信息，服务群众生产生活，让政府部门与网友之间不再有距离。

3.3.4　前沿技术催生媒体新业态，双轮驱动媒体融合新升级

技术创新与应用是驱动媒体转型升级、引领媒体融合发展的先导力量。当下，大数据、元宇宙、人工智能等前沿技术蓬勃发展并向传媒领域快速渗透，各大媒体纷纷探索智能生产与传播模式，赋能新闻媒体数字化转型，实现技术和内容相互驱动、高度融合。《关于加快推进媒体深度融合发展的意见》指出，要以先进技术引领驱动融合发展，用好5G、大数据、云计算、物联网、区块链、人工智能等信息技术革命成果，加强新技术在新闻传播领域的前瞻性研究和应用。[1] 充分发挥新一代前沿技术在引领和支撑媒体融合发展中的关键作用，对于把握媒体传播方式变革、驾驭网络舆论生态、占领信息传播制高点意义深远。

1　“关于加快推进媒体深度融合发展的意见”，https://www.gov.cn/xinwen/2020-09/26/content_5547310.htm，访问时间：2023年6月。

大数据、元宇宙、AI虚拟主播、MR（混合现实）视频沉浸式互动等前沿技术加速推动媒体创新，多维应用赋能媒体深度融合，助力主流媒体不断向“全程媒体、全息媒体、全员媒体、全效媒体”演进。红网制作的《元宇宙学习厅》利用3D建模、全景渲染等技术搭建线上实时动态展示系统，打造沉浸式三维元宇宙空间，以交互式金句海报呈现习近平总书记下团组重要讲话内容。《人民公安报》、中国警察网推出《与公安代表委员“云”对话：我的两会“关键词”》节目，首次尝试在“元宇宙”空间内搭建节目场景，通过虚拟主持人和来自公安系统的代表委员“云”对话，来讲述他们的参会感受与履职故事。央视新闻发布系列微视频《开局之年“hui”蓝图》，利用成熟的AI模型智能创建艺术图像，结合虚拟主播“央小新”的出镜和全程语音解说，带领观众在现实与虚拟、当下与未来之间快速转换，不仅提升了媒体的生产效率，也极大地丰富了用户的视觉体验。华龙网推出MR视频《美好新生活 从这个春天出发》，以第一人称视角，运用前沿传播交互技术，从医疗、教育、交通等热点议题出发，展现高质量发展惠及民生的方方面面。河南广电新媒体采用“平行空间+元宇宙+AI角色融合”“人物实拍+数字虚拟+裸眼3D”“三维动画+实景交互”打造的《拼出好未来》《开往春天的列车》等系列短视频，也借助前沿媒体技术让两会报道呈现出更新颖的表达。

与此同时，前沿技术也不断拓展应用边界，丰富呈现和表达方式，为推动技术与媒体的融合创新提供了鲜活的实践样本，为新闻报道、网络传播注入了科技创新的活力。《诗画中国》将诗、画、音、舞、剧、曲等艺术“食材”与XR、CG（数码图形）、裸眼3D、全息影像等高端“厨艺”有机融合，并通过电影级别的拍摄与制作方式，奉献出兼具中国精神风骨与审美旨趣的文化“盛宴”。湖南广电推出数字虚拟主持人“小漾”，打造基于VR（虚拟现实）的下一代泛娱乐内容社交平台“芒果幻城”，推动新技术与好内容创新融合。广东广播电视台精准捕捉“Z世代”内容喜好，推出首个粤语虚拟偶像“悦小满”及“非遗新青年”系列数字藏品，在数字化世界全媒体内容演进上加快探索。

第4章

网络安全建设

没有网络安全就没有国家安全。网络安全事关国家安全和社会稳定，事关人民群众切身利益，越来越成为关乎全局的重大问题。一年来，网络空间大国博弈较量持续深化，国际形势中不稳定、不确定、不安全因素日益突出，国内重要行业、重点领域频频遭受境外网络攻击，伴随云计算、人工智能、大数据等新技术新应用的发展，数据泄露、安全漏洞、网络诈骗等网络安全风险时有发生，网络安全形势复杂严峻。与此同时，我国“十四五”发展规划有序实施推进，全国统一大市场加快建设，数字经济发展进入换挡提速期，对网络安全工作提出了更高要求。

中国全面贯彻落实总体国家安全观，以安全保发展，以发展促安全，着力提升网络安全保障能力，筑牢国家网络安全屏障。一年来，我国网络安全各项工作扎实推进，相关法律法规、配套制度及有关标准陆续发布，网络安全工作体制机制不断完善；网络安全防护和保障工作取得积极成效，关键信息基础设施保护、数据安全管理和个人信息保护工作不断加强；涉网黑恶犯罪等专项行动依法开展，社会各方对网络安全的重视和投入持续加大，网络安全产业结构不断调整优化，网络安全人才培养与宣传教育工作有序推进，进一步夯实了网络安全工作基础，提升了网络安全保障水平。

4.1 网络安全总体态势依旧严峻

一年来，中国网络安全面临的问题突出表现在以下几个方面：勒索软件向以攻击企业为主同时具备数据盗取功能的方向发展；DDoS攻击持续增长，其中100G以上的大流量攻击涨幅明显；APT组织针对我国重点行业领域的攻击活动仍旧保持较高热度；数据泄露呈高发态势；云计算等新技术新应用的快速发展，带来的网络安全问题不容忽视。

4.1.1 典型网络攻击危害严重

1. 企业成勒索软件攻击主要目标

2022年勒索软件的整体活跃度较上年有所下降，但仍有大量企业受到勒索软件攻击。据瑞星发布的《2022年中国网络安全报告》，2022年共截获勒索软件样本57.92万个，感染次数为19.49万次，比2021年下降68.77%。[1]企业受到攻击后，迫于经济效益压力，只能尽快支付赎金寻求业务恢复，这使得勒索的成功率和收益率都会明显提升。从国内某企业遭遇勒索软件攻击的事件中可以看出，勒索软件为了保障自己的利益，已将数据窃取作为辅助手段，一旦勒索不成功，便通过售卖数据获利。以攻击企业为主同时具备数据加密和数据盗取的勒索软件，将成为勒索攻击主流。

2. 大流量DDoS攻击涨幅明显

2022年DDoS攻击持续增长，其中100G以上的大流量攻击涨幅明显。据统计，2022年DDoS攻击次数较2021年增长8%，成为近4年DDoS攻击最多的一年，威胁风险处于近几年来最高位。2022年百G以上大流量攻击同比增幅超过5成，平均大约每隔1小时就会出现1次百G以上的大流量攻击。[2]

DDoS攻击目标趋于明确，攻击持久性逐年加强。从受害目标被攻击频次来看，2022年被重复攻击的IP比2021年有明显上升。针对单个目标的DDoS攻击周期越来越持久，不同于2021年56.91%的受害者只遭受过一次DDoS攻击，2022年受害者一旦被认定为攻击目标，则更容易遭受多次DDoS攻击，给DDoS防护带来更大挑战。

3. APT攻击形势依然严峻

2022年APT组织展开网络攻击活动的增长趋势放缓，但仍处高位。APT组织重点关注政府、科研、金融、能源、医疗、电力、通信等关键信息基础设施和重要信息系统，具有信息窃取、经济获利、情报刺探、物理破坏等多种攻击意图。经济发达地区是境外APT组织重点攻击的主要目标地区。

4.1.2 重点领域网络安全威胁突出

1. 数据泄露风险依然突出

据天津国家计算机病毒应急处理中心统计，2023年一季度，涉及我国的数

1 瑞星:《2022年中国网络安全报告》，2023年2月。

2 腾讯安全:《2022年DDoS攻击威胁报告》，2023年2月。

据泄露事件仍呈高发态势，受影响较大的行业包括教育、卫健、金融等，其中单次遭泄露数据量在10万至100万条区间内占比最高，接近总量的一半，而遭泄露数据仍以公民个人信息为主。

2. 开源软件生态“投毒”事件时有发生

2022年，全球最大开源社区Github和Python官方软件包仓库都出现被“投毒”事件，而类似案例在这几年频繁出现，导致大量开源软件中包含了“恶意”源代码，开源软件生态的可靠性、安全性引起了广泛关注。由于开源软件及其生态已成为现阶段软件开发过程中最重要的基础组件和设施，融入了各行业的软件开发过程中，软件开发者在自身软件中引入开源项目时要确保开源软件的来源可靠，并持续监测。相关行业也应积极推动开源生态监测系统、软件成分分析（SCA）、软件物料清单（SBOM）等安全手段和安全措施的应用，以帮助企业和开发者更好地规避、更快地解决开源软件带来的软件安全风险。

3. 云安全威胁形势不容乐观

根据Orca Security发布的《2022年公共云安全状况报告》显示，云计算应用领域暴露了很多安全问题，如云服务中断、敏感数据泄露、云基础设施漏洞等，主要包括以下方面：

云上暴力攻击。2022年针对企业组织的网络暴力攻击数量比上年增加了31%，攻击数量峰值多与重大地缘政治和社会经济事件存在关联。

API威胁。随着云上微服务架构的流行，API的使用变得越来越普遍。当前整个Web应用系统中，有超过83%的流量通过API访问。超过44%的受访企业表示，其正在创建和维护的API应用数量超过了100个。调查显示，50%的受访企业承认在过去12个月中发生了与API相关的安全事件。[1]

云配置错误。2022年很多严重的云上数据安全事件是由错误的云配置引起，72%的企业组织至少存在一个具有公共“读取”权限的存储桶，36%的企业组织在这些云服务中存放了未加密的个人隐私数据。

1 “谷歌：云计算引爆API安全危机”，https://www.secrss.com/articles/50429，访问时间：2023年7月。

4. 智能网联汽车网络安全风险升高

车联网是互联网、移动通信技术与汽车、电子、交通等领域深度融合所形成的复杂网络系统。目前我国车联网用户已超1.4亿，应用场景不断拓展，网络规模呈向上发展态势。车联网网络安全风险主要分布在终端、通信、应用服务和数据方面。在终端安全风险方面，汽车进入软件定义时代，代码量激增，车载网络协议如CAN、FlexRay等缺乏安全设计，联网设备缺乏高等级安全校验和安全防护能力，容易遭受重放、篡改等攻击。在通信安全风险方面，当前车联网通信安全认证机制不完善，存在拒绝服务攻击、数据窃取、数据篡改、身份伪造等安全风险。在应用服务安全风险方面，车联网包含OTA升级、远程诊断、辅助驾驶、车路协同等典型服务场景，服务平台和应用程序一旦出现缺乏安全管理、防护不当、评估检测不及时的问题，会导致其成为大规模、大范围车联网设备和网络攻击的入口，影响网络生态。在数据安全风险方面，车联网收集和处理周边环境和道路信息、关键基础设施信息、车流和人员分布等影响国家安全的重要数据，以及车内录音录像、位置轨迹、生物特征等个人信息数据，范围广且精度高。当前车联网数据全生命周期的安全保障能力不足，数据处理活动不规范，存在敏感数据明文传输、数据违规跨境传输等安全隐患，容易遭受恶意窃取、泄露或用于不良目的的分析等。

4.2 网络安全防护和数据安全保护工作取得新进展

一年来，中国网络安全防护和保障工作扎实推进，网络安全政策标准体系不断完善，加强关键信息基础设施保护，强化数据安全管理和个人信息保护，网络安全服务与产品认证体系加快健全，网络安全漏洞管理水平不断提升。

4.2.1 关键信息基础设施安全保护工作积极推进

关键信息基础设施是网络安全防护的重中之重。一年来，关键信息基础设施安全保护工作持续推进，关键信息基础设施安全保护体系和能力不断增强。2022年11月，关键信息基础设施安全保护国家标准《信息安全技术 关键信息基础设施安全保护要求》（GB/T 39204—2022）发布，于2023年5月1日正式实施，为运营者开展关键信息基础设施保护工作需求提供了强有力的标准保障。

4.2.2 数据安全和个人信息保护工作有序开展

1. 数据安全和个人信息保护制度标准逐步完善

数据安全和个人信息保护基础管理制度扎实推进。2022年12月，中共中央、国务院正式发布“数据二十条”，从数据产权、流通交易、收益分配、安全治理四个方面，对构建我国数据基础制度进行了全面安排部署，把安全贯穿数据供给、流通、使用全过程，划定监管底线和红线。

数据安全和个人信息保护认证工作取得有效进展。2022年11月，为全面提升数据安全保障能力、风险发现能力，确保数据安全风险可控，国家市场监督管理总局、国家互联网信息办公室联合发布《关于实施个人信息保护认证的公告》及其实施细则，鼓励个人信息处理者通过认证方式提升个人信息保护能力。这是继2022年6月开展数据安全管理认证工作后，进一步完善了个人信息保护认证工作，为规范个人信息处理活动、促进个人信息合理利用、开展实施个人信息保护认证提供依据。

数据安全标准化工作有序推进。截至2023年2月，数据安全国家标准体系包括了基础共性、安全技术、安全管理、安全测评和典型应用五大类共50多项标准[1]，特定领域有步态识别、基因识别、声纹识别、人脸识别、智能汽车、即时通信、快递物流、网上购物、网络支付、网络音视频、网络预约汽车、个人信息安全工程等。

2. 数据出境安全管理工作加速推进

数据出境安全管理制度体系加快完善，数据依法有序自由流动得到进一步保障。“数据二十条”及《数据出境安全评估办法》提出促进数据安全合规有序跨境流通。2022年8月，为指导和帮助数据处理者规范、有序申报数据出境安全评估，国家网信办编制《数据出境安全评估申报指南（第一版）》，对数据出境安全评估申报方式、申报流程、申报材料等具体要求做出了说明。2023年2月，国家网信办公布《个人信息出境标准合同办法》，明确了标准合同范

1 “2022年度国内数据安全的现状与发展”，https://mp.weixin.qq.com/s?src=11×tamp=1681958758&ver=4479&signature=JD0dg87XMCCULk3wSuGzGbJ2NkzZZT8D7cEfw-VMY0teJqnSG16M1PFc2y2H*rPu5jTjNoCt313QwlZbNUpnEv8q6kRWz*cPznXGBKmcXSf80WRvxU5DSB9kINcn-XrT&new=1，访问时间：2023年7月。

本，为通过订立标准合同向境外提供个人信息提供了具体指引。9月，国家网信办发布《规范和促进数据跨境流动规定（征求意见稿）》，旨在保障国家数据安全、保护个人信息权益的基础上，进一步规范和促进数据依法有序自由流动。

数据出境安全评估工作有序开展。2022年，首都医科大学附属北京友谊医院与荷兰阿姆斯特丹大学医学中心合作研究项目成为全国首个通过安全评估的数据合规出境案例，标志着国家数据出境安全评估制度在北京率先落地，为强化医疗健康数据出境安全管理，促进国际医疗研究合作提供了实践指引。同时，北京市网信办报送的中国国际航空股份有限公司项目作为全国第二例也成功获批通过，对提升数据出境安全合规管理水平、优化营商环境具有重要意义。上海市网信办积极编制《数据出境安全评估申报工作实务问答》，开展数据出境申报咨询问答。截至2023年1月31日，上海已接收数据出境安全评估正式申报材料67件，其中通过完备性查验并报送国家网信办35件，正在进行完备性查验17件，主要涉及零售、汽车、金融、医药等领域。[1]

3. 重点行业领域加强数据安全和个人信息保护

2022年8月，国家卫健委发布《医疗卫生机构网络安全管理办法》，进一步规范医疗卫生机构网络和数据安全管理、促进"互联网+医疗健康"发展，加快推动卫生健康行业高质量发展进程。2022年10月，国家邮政局就《寄递用户个人信息安全管理规定（草案）》公开征求意见，要求处理寄递用户个人信息达到国家网信部门规定数量的寄递企业应当指定寄递用户个人信息保护负责人，并对寄递运单单号资源实施全过程管理，采用射频识别、虚拟安全号码、电子纸等有效技术手段对寄递运单信息进行去标识化处理，防止运单信息在寄递过程中泄露。2022年12月，工信部发布《工业和信息化领域数据安全管理办法（试行）》，重点解决工业和信息化领域数据安全"谁来管、管什么、怎么管"的问题，构建了"工业和信息化部、地方行业监管部门"两级监管机制。

---

1 "数据出境安全评估申报工作实务问答（二）"，https://mp.weixin.qq.com/s/4lYcOmFNVOOtn_YqS6v3HA，访问时间：2023年7月。

4.2.3　网络安全审查工作不断加强

网络安全审查是重要的国家网络安全保障制度。2023年5月，网络安全审查办公室依法对美光公司在华销售产品进行了网络安全审查。审查发现，美光公司产品存在较严重网络安全问题隐患，对我国关键信息基础设施供应链造成重大安全风险，影响我国国家安全。为此，网络安全审查办公室依法作出不予通过网络安全审查的结论。按照《网络安全法》等法律法规，我国内关键信息基础设施的运营者应停止采购美光公司产品。2022年6月，网络安全审查办公室对知网启动网络安全审查。2023年9月，国家网信办依据《网络安全法》《个人信息保护法》《行政处罚法》等法律法规，综合考虑知网违法处理个人信息行为的性质、后果、持续时间，特别是网络安全审查情况等因素，对知网依法作出网络安全审查相关行政处罚的决定，责令停止违法处理个人信息行为，并处人民币5000万元罚款。

4.2.4　网络安全服务与产品认证体系持续完善

推进网络安全服务认证体系建设，提升网络安全服务机构能力水平和服务质量，对于加强网络安全工作具有重要作用。2023年3月，国家市场监管总局、中央网信办、工业和信息化部、公安部就开展国家统一推行的网络安全服务认证工作联合印发《关于开展网络安全服务认证工作的实施意见》，要求加强认证工作的组织实施和监督管理，鼓励网络运营者等广泛采信网络安全服务认证结果，促进网络安全服务产业健康有序发展。

为加强网络安全专用产品安全管理，推动安全认证和安全检测结果互认，避免重复认证、检测，2023年4月，国家网信办、工业和信息化部、公安部、财政部、国家认证认可监督管理委员会等五部门联合发布《关于调整网络安全专用产品安全管理有关事项的公告》，要求自2023年7月1日起，列入《网络关键设备和网络安全专用产品目录》的网络安全专用产品应当按照《信息安全技术　网络安全专用产品安全技术要求》等相关国家标准的强制性要求，由具备资格的机构安全认证合格或者安全检测符合要求后，方可销售或者提供。2023年7月，国家网信办、工业和信息化部、公安部、国家认证认可监督管理委员会等四部门联合发布《关于调整〈网络关键设备和网络安全专用产品目录〉的公告》，更新《网络关键设备和网络安全专用产品目录》。

4.2.5 密码评估体系建设积极推进

国家密码管理局加快商用密码应用安全性评估（以下简称“密评”）体系建设，积极培育73家商用密评试点机构，全面强化评估结果备案审查和评估业务规范管理，组织密评人员考核，对73家密评试点机构的685名测评人员实施考核。试点开展近8000个重要系统的密评。持续健全密评体系，发布《密评FAQ（常见问题解答）》第二版，修订《信息系统密码应用实施指南》，编制《密评行业白皮书（2022年）》《密评报告模板（2022年）》，组织编制29项典型场景国产密码应用指导性文件。

4.2.6 网络安全标准工作扎实开展

网络安全标准在维护国家安全、保障数字经济健康发展等方面发挥着基础性、规范性、引领性作用。2022年，在国家标准化管理委员会及行业主管部门的指导下，中国的网络安全标准化工作取得了丰硕成果，有效促进了网络安全产业高质量发展。截至2023年8月，全国信息安全标准化技术委员会（以下简称“信安标委”）共推动发布370项网络安全国家标准，其中2022年以来共推动发布65项。同时，加强商用密码标准研究制定。国家密码管理局新发布《信息安全技术 可信计算密码支撑平台功能与接口规范》等商用密码国家标准2项，《网络身份服务密码应用技术要求》《基于云的电子签名服务技术实施指南》等商用密码行业标准9项，商用密码标准体系持续完善。

积极推进网络安全国际标准制定工作。2022年11月，信安标委秘书处组织开展SC27国际标准提案征集工作，包括数据安全、个人信息保护、关键信息基础设施、消费物联网、工业互联网、车联网、量子信息、IPv6等领域。2023年上半年，共组织完成《信息安全、网络安全及隐私保护 密码协议验证 第2部分：密码协议的评估方法和活动》等24项国际标准文件投票和评议工作。

网络安全标准实施和推广工作取得积极成效。2023年4月，“网络安全国家标准进校园”主题活动在山东大学成功举办，旨在进一步加强网络安全国家标准宣传推广，促进网络安全标准化人才培养，提升全民网络安全标准化知识和技能。2022年10月，“2022年世界标准日——数据安全国家标准宣贯会”在北京举办，围绕网上购物、即时通信、网络支付、网络音视频、网络预约汽车、快递物流等6项网络平台服务，以及人脸、基因、步态、声纹等4项生物特征识别数据安全国家标准进行了宣贯解读，有助于促进标准各相关方了解和使用数据安全国家标准，提升组织数据安全防护能力和水平。

4.3　深入开展网络安全专项治理和违法犯罪处置

一年来，各项网络安全事件处置和专项治理工作深入开展，持续规范APP违法违规收集使用个人信息行为，扎实推进网络安全突出问题专项治理，依法惩治网络空间违法乱象。

4.3.1　个人信息保护专项治理行动持续开展

1. 持续规范APP违法违规收集使用个人信息行为

2021年以来，国家网信办持续深入开展APP违法违规收集使用个人信息治理工作，组织对输入法、地图导航、安全管理等常见类型、公众大量使用的2000余款APP开展专项检测，对存在严重问题的APP进行公开通报和下架处罚，有力震慑违法违规行为，APP运营者对个人信息保护工作的重视程度明显提升。2023年，国家网信办组织对常见类型、下载量大的APP个人信息收集情况进行对比测试，截至2023年7月，已公开发布网上购物类、地图导航类、浏览器类、新闻资讯类、在线影音类、电子图书类、拍摄美化类、云盘类等8类56款APP个人信息收集情况测试报告，指导APP进行完善改进。同时，为建立健全APP违法违规个人信息问题投诉举报渠道，国家网信办通过部长信箱、网站、邮箱、微信公众号等渠道，及时受理、处置、回复APP违法违规收集使用个人信息投诉举报，目前已累计受理投诉举报4万余条，充分发挥社会监督作用。

地方扎实开展APP侵害用户权益专项治理工作。2022年，浙江省委网信办、省公安厅、省市场监管局、省通信管理局四部门加强APP应用安全闭环管理，累计检测APP 15.91万余款，重点检测对社会影响力大、下载量大的1039款APP，下发《问题APP核查通知书》500份，向社会公告未及时整改的APP 135款，下架22款。浙江省电信和互联网行业APP和数据安全管理平台投入使用，对浙江省15.91万款APP隐私合规、安全漏洞开展全方位、全时段监测和检测。2022年9月，上海市通信管理局开展APP应用侵害用户权益行为检查，对检测发现的127款APP存在“违规收集个人信息”“违规使用个人信息”“APP强制、频繁、过度索取权限”等问题进行通报，督促存在问题的APP进行整改。

2. 严厉打击网上非法倒卖公民个人信息行为

针对不法分子恶意窃取公民个人信息用于实施犯罪等突出情况，公安部及有关部门始终保持高压严打态势，聚焦恶意窃取中小学生、老年人等群体个人信息，非法侵入计算机系统获取个人信息，非法窃取快递信息，以及网上非法倒卖公民个人信息等重点方向全力开展侦查攻坚，累计侦办侵犯公民个人信息案件1.6万余起，有力维护了公民个人信息安全。针对不法分子非法生产、销售窃听窃照专用器材，偷拍个人隐私并网上传播售卖等严重侵犯公民隐私违法犯罪活动，组织开展严打窃听窃照、偷拍偷窥集群战役，累计侦办案件340余起，打掉非法窃听窃照专用器材生产窝点90余个，缴获窃听窃照专用器材14.1万件，有力打击了此类犯罪活动。[1]

4.3.2 依法处置网络黑产等网络违法犯罪行为

公安部深入推进“净网2022”专项行动，依法治理严重危害网络秩序和群众权益的突出违法犯罪和网络乱象，收到显著成效。截至2022年12月底，公安机关共侦办案件8.3万起，以实际行动维护网络空间安全和网上良好秩序。[2]

1. 网络账号黑色产业链“断号”行动成效显著

为加强对网络违法犯罪活动的源头打击力度，切实维护人民群众合法权益，2022年9月，公安部部署开展“断号”行动，集中打击整治网络账号黑色产业链。截至2023年2月，共侦办案件1.1万余起，关停接码平台130余个，捣毁“猫池”窝点800余个，缴获“猫池”、GOIP等黑产设备1万余台，查扣手

1 “公安机关‘净网2022’专项行动成效显著”，https://www.mps.gov.cn/n2255079/n8819345/n8819484/n8819511/c8826464/content.html，访问时间：2023年7月。

2 “公安机关‘净网2022’专项行动成效显著”，https://www.mps.gov.cn/n2255079/n8819345/n8819484/n8819511/c8826464/content.html，访问时间：2023年7月。

机黑卡240余万张，查获网络黑账号4200余万个。此外还公布了“江苏公安机关破获张某等人非法利用信息网络案”等2022年“断号”行动十大典型案例。

2. 涉网黑恶犯罪专项行动扎实开展

全力推进打击惩治涉网黑恶犯罪专项行动，对建设更高水平平安中国、法治中国具有重要作用。2022年9月，公安部会同中宣部、中央网信办、最高人民法院、最高人民检察院、工信部、司法部、人民银行、银保监会等九部门联合印发通知，部署在全国开展为期一年半的打击惩治涉网黑恶犯罪专项行动，全力推动常态化扫黑除恶斗争在网络空间向纵深开展。截至2023年2月，共打掉涉网黑恶犯罪团伙400余个，其中黑社会性质组织20余个，恶势力犯罪集团320余个，其他涉恶犯罪团伙50余个，破获各类案件8800余起，专项行动取得阶段性明显成效。[1]

3.依法打击电信网络诈骗犯罪活动

针对电信网络诈骗高发态势，网信、公安、工信和金融监管部门等多部门联合开展打击治理工作，取得积极成效。中央网信办会同公安部建设的“国家涉诈黑样本库”涵盖并处置涉诈网址783万个，涉诈APP 58.5万个，涉诈电话52万个，互联网预警劝阻平台预警劝阻超百亿次，预警效果显著。中央网信办集中整治互联网接入、域名注册、服务器托管、网络直播、引流推广等涉诈重点领域，在社会形成强烈反响，有效打击了电信网络诈骗犯罪产业链，推动形成网络良好生态。工信部持续推进“断卡行动2.0”，开展“不良APP安全治理”，严格落实实名制，全力整治虚商卡，对短信端口、语音专线、云服务等重点业务加大清理整治力度，不断提升全流程及时反制能力，累计处置涉诈高风险电话卡1.1亿张，拦截诈骗电话18.2亿次、短信21.5亿条。中国人民银行深入推进“资金链”治理，支付行业常态化治理格局持续完善，组织商业银行、支付机构、清算机构协助公安机关阻断大量涉诈资金转移，挽回大量人民群众损失。

反诈宣传是打击治理电信网络诈骗重要手段。2022年中央网信办针对易受害群体和典型诈骗案例，发布《国家网信办集中打击一批“李鬼”式投资诈骗

1 “公安部部署推进打击惩治涉网黑恶犯罪专项行动”，http://www.gov.cn/xinwen/2023-02/17/content_5741893.htm，访问时间：2023年7月。

平台》《国家网信办曝光一批涉未成年电信网络诈骗典型案例》等宣传材料，引起各方强烈反响，共同营造全社会反诈良好氛围。

4.4 网络安全产业与技术稳步发展

一年来，我国网络安全产品体系不断完善，地方积极布局推进网络安全产业聚集区发展，建设技术创新、生态载体，网络安全产业发展成效明显。

4.4.1 网络安全和数据安全产业发展环境不断向好

网络安全相关产业发展政策文件持续出台，产业发展环境持续向好。党的二十大报告对强化网络、数据等安全保障体系建设做出明确部署。2022年6月，国务院印发《关于加强数字政府建设的指导意见》，提出要提升安全保障能力，筑牢数字政府建设安全防线。2023年1月，工信部、国家网信办等16部门联合发布《关于促进数据安全产业发展的指导意见》，为做大做强数据安全产业提供有力政策支撑。2022年11月，工信部会同银保监会发布《关于促进网络安全保险规范健康发展的意见（征求意见稿）》，为加快推动网络安全产业和金融服务融合发展，促进网络安全产业高质量发展发挥重要作用。

随着数字中国建设加快推进，重点行业重点领域持续发布相关政策文件，促进网络安全产业发展。在金融行业，银保监会印发《关于银行业保险业数字化转型的指导意见》，指出要强化网络安全防护、加强数据安全和隐私保护。中国人民银行印发《金融科技发展规划（2022—2025年）》，明确要求做好数据安全保护，提出包括健全安全高效的金融科技创新体系、架设安全泛在的金融网络等重点任务。中国民航局发布《关于民航大数据建设发展的指导意见》，提出数据资源体系建设、数据安全体系建设等工作任务。

各地密集发布网络安全相关政策文件，推动网络安全和数据安全产业发展。上海市、河北省、江苏省分别发布《中国（上海）自由贸易试验区临港新片区打造网络安全产业集群行动方案（2022—2025年）》《河北省数字经济促进条例》《江苏省数字经济促进条例》，对培育壮大数据安全服务产业链、开展网络安全领域关键核心技术研发攻关、健全工业互联网或工业信息安全保障体系等提出更高要求，推动网络安全产业发展。

4.4.2　网络安全市场持续发展壮大

1. 网络安全市场规模稳步提升

近几年我国网络安全行业总体保持增长态势，但受宏观经济影响，网络安全行业增速出现一定波动，如图4-1所示。2022年我国网络安全市场规模约为633亿元，同比增长率为3.1%。随着数字化进程加快，云计算、人工智能、大数据、5G等技术的应用范围不断扩大，企业在运用新技术提高自身效率的同时也面临着更多网络安全威胁，促使其不断加大在网络安全上的投入，预计未来三年我国网络安全市场增速高于10%，到2025年市场规模预计将超过800亿元。[1]

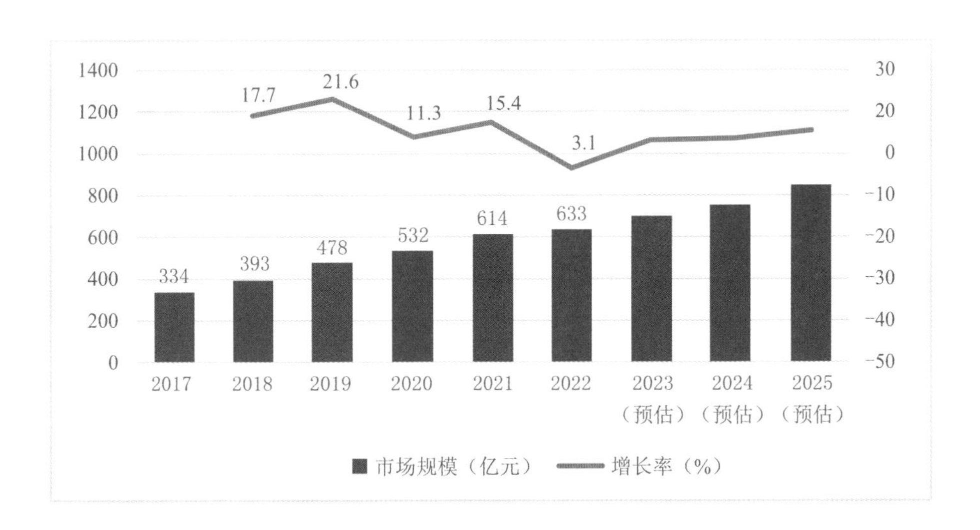

图4-1　2017—2025年中国网络安全市场规模及增速

（数据来源：中国网络安全产业联盟）

2. 网络安全产品服务体系逐步完善

我国网络安全产业布局相对完整，从网络安全产品、解决方案、应用场景、服务四个维度来划分，我国网络安全企业涉及的业务领域基本涵盖了七大基础安全领域：网络与基础架构安全、端点安全、身份与访问管理、应用安全、数据安全、开发安全、安全管理；六大安全解决方案：零信任、数据安全

1　中国网络安全产业联盟:《2023年中国网络安全市场与企业竞争力分析》，2023年6月。

治理、威胁管理/可拓展威胁检测与响应（XDR）、开发安全、安全运营/托管检测与响应服务（MDR）/安全托管服务（MSS）、安全访问服务边缘；四大应用场景：云安全、移动安全、工业互联网安全、物联网安全；以及九大安全服务：安全方案与集成、安全运维、风险评估、渗透测试&红蓝对抗、应急响应、攻防实训/靶场、培训认证、安全意识教育、安全众测。此外，在商用密码应用安全性评估、网络安全等级保护测评、云计算服务安全评估等方面也取得了积极进展。如图4-2所示，截至2023年4月，我国网络安全行业注册企业共有4743家，近几年来网络安全行业注册企业数量连年攀升，2022年新注册企业数量创历史高峰，达328家，表明我国网络安全行业发展方兴未艾。[1]

图4-2　2023年中国网络安全市场分类架构示意图[2]

1 "2023年中国网络安全行业市场现状及发展前景分析"，https://bg.qianzhan.com/trends/detail/506/230607-3096c0cf.html，访问时间：2023年7月。

2 数说安全：《2023年中国网络安全市场全景图》，2023年5月。

3. 网络安全市场集中度进一步提升

当下我国网络安全市场进入稳健增长阶段，头部企业规模和资源的优势进一步凸显。2022年，我国网络安全市场CR1[1]为9.83%，CR8为44.91%，较上年均有提升。2018—2022年，前四名头部企业的市场份额从21.71%提升到2022年的28.59%，显示出我国网络安全市场集中度进一步提升，网络安全市场向少数领先企业集中的趋势。[2]

2022年，奇安信、启明星辰、深信服、天融信和电科网安五家网络安全企业的市场占有率均超过了5%，大部分头部企业收入增速高于行业平均增速，如图4-3所示。2022年头部企业市占率相比上一年小幅提升，预计未来两三年内，头部企业市占率仍将保持小幅增长趋势。

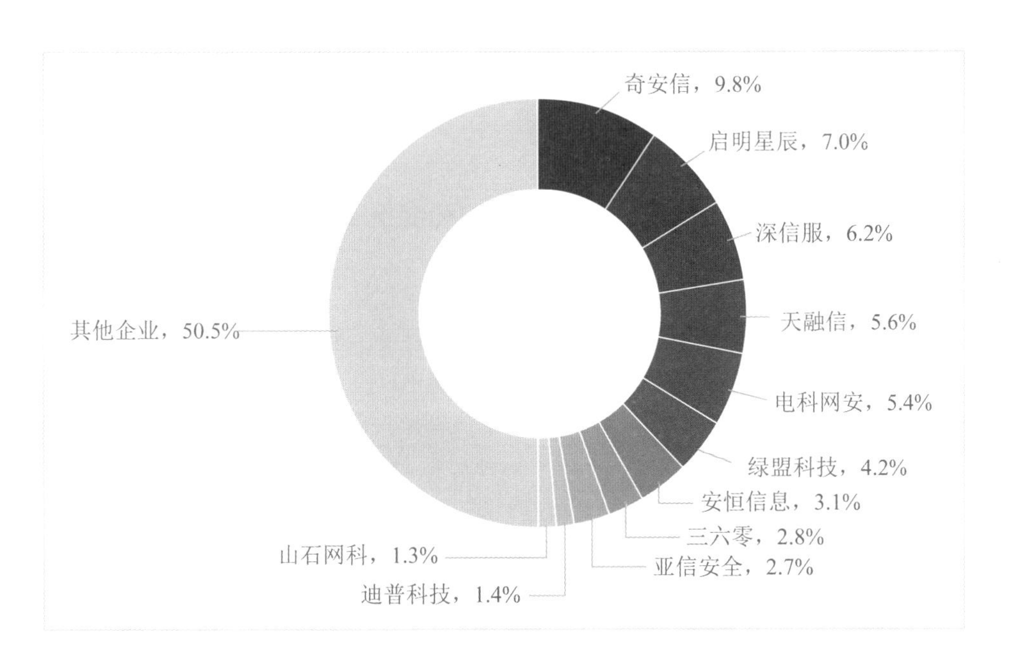

图4-3　2022年中国网络安全主要企业市场占有率

（数据来源：中国网络安全产业联盟）

1　行业集中率（CRn指数）是指该行业的相关市场内前N家最大的企业所占市场份额的总和。例如，CR4是指四个最大的企业占有该相关市场份额。

2　中国网络安全产业联盟:《2023年中国网络安全市场与企业竞争力分析》，2023年6月。

4. 数据安全市场蓬勃发展

近年来，我国数据安全市场规模不断增长。研究显示，2017—2021年，我国数据安全市场规模由22.9亿元增长至70.9亿元，复合年均增长率达32.6%，预计2023年我国数据安全市场规模达109.5亿元。[1] 截至2022年10月25日，我国数据安全领域投资数量为35起，投资金额达62.84亿元，预计今年投资数量和投资金额将继续增长。[2]

从数据安全市场的主要参与者来看，既有综合型的安全厂商，如奇安信、启明星辰、绿盟科技、天融信、安恒信息等，也有专注于数据安全领域的安全厂商，如安华金和等。在数据安全技术中，涉及隐私计算、数据流转监测、数据分级分类、数据共享交换等细分领域。随着数据安全场景更趋复杂，产品技术不断发展，数据安全运营平台、零信任数据安全平台、数据安全监测平台等解决方案正逐步成为网络安全企业在数据安全领域所聚焦的重要方向，如表4-1所示。

表4-1　数据安全市场企业分布[3]

领域	主要企业
数据安全治理	安华金和、数安行、明朝万达、数字认证、网御星云、格尔软件、北信源、迪普科技、天空卫士、美创科技、快页信息、云天安全、任子行、卫士通、安恒信息、启明星辰、深信服等
数据库安全	安华金和、安信天行、海峡信息、世平信息、北信源、格尔软件、威努特、美创科技、敏捷科技、深信服、华软金盾、东进技术、高维数据、云天安全、远望信息、腾讯、远江盛邦、安恒信息、渔翁信息、联软科技、启明星辰、数字认证、聚铭网络等
数据防泄露	亿赛通、北信源、明朝万达、联软科技、天融信、深信服、绿盟科技（亿赛通）、天空卫士、启明星辰等

1 “2023年中国数据安全市场数据预测分析”，https://www.askci.com/news/chanye/20230204/142740267549206055842008.shtml，访问时间：2023年7月。

2 “数据安全风口已至 数据安全行业前景如何?”，http://wap.seccw.com/Index/detail/id/15915.html，访问时间：2023年7月。

3 “数据安全产品指南”，https://mp.weixin.qq.com/s/aA-vN7DcTiVnfXFtCvAxEw，访问时间：2023年7月。

续表

领域	主要企业
个人隐私保护	柳柳安全、炼石网络、天威诚信、智游网安、云天安全、天空卫士、世平信息、奇安信、数安行、众图识人、美创科技、东进技术等
文档加密	安信天行、数字认证、北信源、卫士通、明朝万达等
容灾备份	安信天行、敏捷科技、北信源、深信服、格尔软件等

4.4.3 网络安全产业良性生态加速形成

1. 网络安全产业园建设积极开展

建设网络安全产业园是带动资源集聚、产业发展、技术突破的重要抓手和有效路径。近几年，北京、长沙、成渝三大国家网络安全产业园区相继成立，汇聚网络安全企业超过500家[1]，网络与数据安全产业链条不断完善，协同效应持续增强。

国家网络安全产业园区（通州园）位于北京通州区，与海淀园、经开区信创园形成“三园协同、多点联动、辐射全国”的总体布局。2022年11月，网络安全领军人才培育基地、启动区办公及服务配套、西北工业大学北京研究院三大项目正式开工。当前，通州园“网络安全领军人才培育基地项目”正在加快建设中。国家网络安全产业园区（长沙）把培育发展新一代自主安全计算系统产业集群作为重要抓手，逐步形成覆盖芯片、操作系统、整机、软件、网络安全服务等全领域的产业链条。国家网络安全产业园区（成渝地区）于2023年2月正式授牌，积极构建“双城七园一大区”，以形成“多点支撑、辐射全国、优势互补、协同发展”的新格局。

地方积极推进网络安全产业园建设。2022年揭牌成立的上海市首个网络安全产业示范园，积极发布网络安全产业园区建设规划及专项支持政策，该网络安全产业示范园将成为一个产业集群新高地，政府牵头引导社会资本发起成立不低于20亿元的网络安全产业基金，资助网络安全产业发展。

1 “筑牢网络安全防线　以新安全格局保障新发展格局”，http://www.cinic.org.cn/hy/tx/1425995.html?from=singlemessage，访问时间：2023年7月。

2. 工业互联网安全产业生态体系建设成效明显

国家级、地方及行业工业互联网安全赛事、安全演练、人才选拔等活动日益丰富，工业互联网国家技术保障能力基本形成。2022年10月，国家标准化管理委员会批准发布国家标准GB/T 42021-2022《工业互联网 总体网络架构》，这是中国工业互联网网络领域发布的首个国家标准，标志着中国工业互联网体系建设迈出了坚实的一步。覆盖国家、省、企业的三级安全技术监测服务体系基本建成，可覆盖980万台联网设备，近14万家工业企业，165个重点平台，监测预警、威胁处置等保障能力有效增强。[1]全国20个省（自治区、直辖市）的工业互联网企业投入安全深度行活动，广东、江苏、湖南等多地积极推进工业互联网安全产品、技术支撑单位、安全服务机构等资源池建设。企业安全防护意识和投入力度普遍提高，千余家企业积极开展分类分级安全管理实践，发现、处置安全风险，企业安全防护水平得到提升。

3. 协会联盟搭建平台助推网络安全产业发展

中国网络空间安全协会持续发挥行业组织的“桥梁作用”，联合产业各方举办“2022数字安全与法治高峰论坛”和“人工智能与个人信息保护论坛”，推动我国数据安全保护领域优秀案例宣传推广，服务网络安全行业发展。中国网络安全产业联盟（以下简称“联盟”）致力于提升网络安全技术产业和服务水平，推动网络安全产业做大做强。2022年，联盟研制发布产业分析报告、技术专报、联盟技术规范等系列成果，搭建产业技术创新平台，加强行业自律建设，有序推动数据安全、网络安全服务、车联网安全、网络安全产品互联互通等重点领域相关工作。

4.5 网络安全人才培养与宣传教育工作扎实推进

提高全民网络安全意识、培养网络安全人才是网络安全的重要基础。2022年，随着网络安全宣传教育工作的深入推进，全社会网络安全意识明显提升，网络安全人才建设取得积极进展。

1 “工业互联网功能不断优化 融合空前活跃”，https://www.cinn.cn/gongjing/202303/t20230310_266804.shtml，访问时间：2023年7月。

4.5.1　网络安全人才需求持续增长

1. 网络安全人才需求集中在北广浙等地

我国目前网络空间安全人才培养规模不能满足网络安全人才的需求。据教育部网络空间安全教学指导委员会统计，2019年我国网络空间安全的人才缺口在70万到140万之间，而我国网络安全从业人员约为10万人，人才缺口比率达93%。据《网络安全人才实战能力白皮书》(以下简称《白皮书》)测算，到2027年我国网络安全从业人员需求数量为327万人。[1]

从地域分布上来看，目前网络安全人才的需求高度集中在北广浙等地，其中北京对网络安全人才的需求量达全国需求量的18%，广东紧随其后，需求量占比为15.2%，浙江对网络安全人才的需求量为10.2%，上海对网络安全人才的需求量位列第四。《白皮书》显示，北京、上海、广东、浙江网络安全人才需求之和接近全国需求量的一半。

2. 能源、通信行业网络安全人才需求较大

对网络安全人才的实际需求因所处行业领域、单位性质以及人员规模的不同而有所差异。调查显示，能源行业对网络安全人才的需求量位列第一[2]，在细分行业中其对网络安全人才需求占比为21%；其次是通信、政法、金融、交通，网络安全人才需求量占比分别为16%、14%、9%、7%；值得注意的是，网安企业与医疗卫生的人才需求占比也进入了前十，均为6%。教育行业（不包括学生群体）对网络安全人才的需求占比略低，为2%，如图4-4所示。

3. 网络安全人才专业对口比例有所提升，年轻化趋势显现

调查显示，绝大多数网络安全行业求职者来自计算机科学与技术、信息安全、网络工程专业。除信息安全专业外，信息安全与管理、网络空间安全等网络安全相关专业进入前十，与2021年相比，专业对口人员比例大幅上升，我国网络安全专业人员培养取得初步成效。

网络安全人才趋向年轻化态势。从网络安全人才的年龄来看，处于25—

1　2022年国家网络安全宣传周:《网络安全人才实战能力白皮书》，2022年9月。

2　2022年国家网络安全宣传周:《网络安全人才实战能力白皮书》，2022年9月。

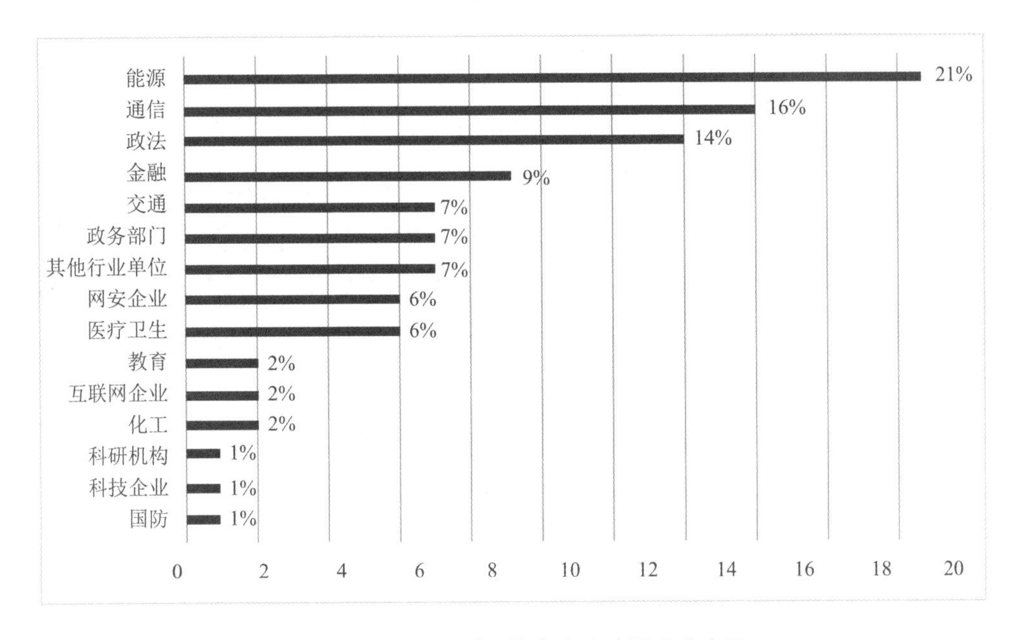

图4-4　不同行业对网络安全人才需求分布图

（数据来源：国家网络安全宣传周）

40岁年龄段的从业者占比超过8成，其中30—40岁的人才最多，占比达到一半以上；对比近两年数据发现，30岁以内尤其是25岁以下的新生力量增幅明显。[1]

4.5.2　积极推进网络安全人才培养

1. 持续推进一流网络安全学院建设示范项目

一流网络安全学院建设示范项目由中央网信办和教育部在2017—2027年共同打造，以高校为主体，自愿申报、择优评定，国家加强指导和支持，充分发挥地方政府、企业和社会各方面积极性，共建世界一流网络安全学院。2017年和2019年分两批遴选11所高校进入示范项目。示范项目实施以来，在相关部门指导和地方支持下，11所高校在政策保障、资金投入、基础条件、教师队伍、学生培养、科研创新等方面总体上成效明显，网络安全学院建设取得重要进展。

1　工业和信息化部人才交流中心：《网络安全产业人才发展报告》（2022年版），2022年9月。

2022年7月，在中央网信办指导下，网信企业、一流网络安全学院、中国网络空间安全协会、中国互联网发展基金会共同发起网络安全学院学生创新资助计划。目前已有天融信、奇安信、蚂蚁集团、蔚来汽车、华为、滴滴等6家企业参与。2022年资助计划实施以来，参与企业根据自身实际创新需求，提出创新任务103项，由学生“揭榜挂帅”，资助学生240名，建立了企业、高校之间联合技术创新的新模式，取得了良好效果。2023年首届武汉网络安全创新论坛期间，举办网络安全教育技术产业融合创新成果交流会，网络安全学院学生创新资助计划一期资助的学生，以及高校和企业导师参加活动。

2. 加快推进国家网络安全人才与创新基地建设

国家网络安全人才与创新基地位于湖北省武汉市临空港经济技术开发区，是国家战略的承载地，于2016年9月全面启动。2023年5月，国家网络安全人才与创新基地共享中心一期项目建成投用，极大完善国家网安基地园区功能配套，促进产业发展。

2023年5月16—17日，首届武汉网络安全创新论坛于网安基地成功举办，本次论坛由中央网信办、湖北省人民政府指导，武汉市人民政府主办，以“创新引领，培育网络安全教育、技术、产业融合发展良性生态”为主题，聚焦网络安全技术创新和人才培养，围绕网络安全战略性前瞻性问题、前沿技术动向、产业发展趋势和解决方案开展研讨，重点举办了网络安全创新成果交流活动，业内院士专家、企业负责人、高校师生共500余人参加。论坛发布10项网络安全优秀创新成果，发布《中国网络安全人才建设报告（2022年）》《公众常用APP个人信息保护指数报告》等2个专项报告。

3. 数据安全和密码专业人才培养不断加大

为促进数据安全专业技术人员提升职业素养，中国网络空间安全协会组织开发数据安全工程技术人员国家职业标准。2023年3月，人社部、中央网信办、工信部发布《数据安全工程技术人员国家职业标准》，对数据安全工程从业者的专业活动内容进行规范细致描述，明确各等级专业技术人员的工作领域、工作内容以及知识水平、专业能力和实践要求，为促进数据安全人才培养与发展发挥重要作用。

密码专业人才培养持续加强。截至2023年4月，我国开设“密码科学与技术”本科专业的高校增至15所，9所地方高校挂牌成立密码学院（系）。新修订的《研究生教育学科专业目录（2022年）》将密码专业正式列入其中，归入交叉学科门类。《中华人民共和国职业分类大典（2022年版）》增设“密码工程技术人员”这一新职业，人社部、国家密码局联合发布《密码技术应用员国家职业技能标准》和《密码工程技术人员国家职业技术技能标准》，为进一步提升密码专业人才培养质量提供保障。

4.5.3 网络安全宣传教育和网络安全意识明显提升

1. 持续举办国家网络安全宣传周

举办网络安全宣传周、提升全民网络安全意识和技能，是国家网络安全工作的重要内容。自2014年以来，国家网络安全宣传周已连续举办9届。2022年9月5—11日，国家网络安全宣传周在全国范围内统一开展，主题为“网络安全为人民，网络安全靠人民”。其中，开幕式、网络安全博览会、网络安全技术高峰论坛等重要活动在安徽省合肥市举行。宣传周期间，各地通过线上、线下方式，开展网络安全教育云课堂、网络安全赛事、网络安全进基层等活动和校园日、电信日、个人信息保护日等六大系列主题日活动。2022年国家网络安全宣传周主题宣传活动话题阅读量累计38.6亿次，推送公益短信13亿条，短视频播放量超5亿次，在全国营造了维护网络安全的浓厚氛围。

工作专栏

首批国家网络安全教育技术产业融合发展试验区授牌

2022年9月5日，首批国家网络安全教育技术产业融合发展试验区授牌。首批国家网络安全教育技术产业融合发展试验区分别为：安徽省合肥高新技术产业开发区、北京市海淀区、陕西省西安市雁塔区、湖南省长沙高新技术产业开发区、山东省济南高新技术产业开发区。

该试验区由中央网信办、教育部、科技部、工信部共同组织实施。

通过推动试验区建设，旨在探索网络安全教育技术产业融合发展的新机制新模式，形成一系列鼓励和支持融合发展的制度和政策，培育一批支撑融合发展的创新载体，进而总结形成可借鉴可复制可推广的经验做法，推动在全国范围内形成网络安全人才培养、技术创新产业发展的良性生态。

2. 通过举办主题宣传教育及网络安全年会等形式提升安全意识

通过创新性的内容供给、立体化的传播矩阵、针对性的受众投放，结合重要时间节点，深入开展网络安全宣传教育。2022年6月1日《网络安全法》实施五周年，中央网信办开展“网安法实施五年来”主题宣传教育活动，其间发布的一系列科普短视频，点击量超千万次；20余家平台推送主题开机屏，覆盖3亿人次，开设20余个专题专栏，点击量超2000万人。微博、抖音、快手等平台相关话题阅读量累计超4亿人次。[1]

组织网络安全大会等是加强网络安全宣传教育的重要手段。2022年8月，国家计算机网络应急技术处理协调中心（CNCERT/CC）组织召开中国网络安全年会，大会主题为“共建数字信息基础设施安全屏障”，为国内网络安全“产学研用”各界进行技术业务交流提供桥梁纽带。7月，中国网络空间安全协会等单位共同主办2022北京网络安全大会，邀请十余个国家和地区的500余名网络安全行业专家、行业领袖深度参与，开展50余场主题特色活动。

3. 网民对网络安全感满意度评价总体平稳

2022年8月，全国135家网络安全行业协会及相关社会组织在全国发起2022网民网络安全感满意度调查工作，共采集全国3031775份调查样本，于12月发布《2022全国网民网络安全感满意度调查总报告》，全面反映公众网民及行业从业人员对我国网络安全状况的感受。报告显示，2022年网络安全感满

1 “中央网信办：提升全民网络安全技能意识要抓在经常、重在日常”，http://news.china.com.cn/2022-09/02/content_78402341.htm，访问时间：2023年7月。

意度指数为73.399（按旧版统计口径的满意度指数为73.469），较2021年同期上升0.047，网民对我国网络安全治理总体状况满意度评价认为满意以上的占58.48%，接近六成，总体评价是满意为主。[1] 数据显示2022年度网民网络安全感满意度评价保持平稳，略有上升，反映了2022年网络空间安全治理取得较好效果。

1 “2022全国网民网络安全感满意度调查报告发布周正式开幕”，https://baijiahao.baidu.com/s?id=1752011596450048639&wfr=spider&for=pc，访问时间：2023年7月。

第5章

网络法治建设

党的二十大报告指出："全面依法治国是国家治理的一场深刻革命，关系党执政兴国，关系人民幸福安康，关系党和国家长治久安。"2023年3月，国务院新闻办公室发布了《新时代的中国网络法治建设》白皮书，这是中国第一次专门就网络法治建设发布白皮书，对于深入学习和贯彻党的二十大精神，加快建设网络强国、数字中国具有重要的意义。一年来，中国把法治作为互联网治理的重要支撑，网络法治建设工作取得了阶段性成果。网络立法体系不断完善，网络执法公正文明有序，智慧司法提升网络治理成效，网络普法推动法治观念深入民心。

5.1 网络立法建设持续推进

网络安全法治体系基本建成，出台反电信网络诈骗法，持续完善数据跨境流动管理制度，不断稳固关键信息基础设施的立法保护支撑，医疗、电力等行业明确网络安全主体责任。数字经济法治规则逐步健全，明确数据基础制度框架，加强数据知识产权保护，积极推进数字经济地方立法。网络内容治理多措并举，不断加大网络暴力打击力度，强化特殊群体网络保护，规范互联网信息内容治理。规范新技术新应用健康发展，加快人工智能产业发展制度出台，明确智能网联汽车运营管理要求，加强深度合成技术信息安全监管，聚焦精准化网约车服务管理。

5.1.1 网络安全立法重点推进

长期以来，随着网络安全形势的变化与新问题的出现，网络安全立法的关注重点也随之调整。这一年，中国重点针对关键信息基础设施保护、数据出境和跨境流动监管等领域完善制度设计，推进网络安全法治体系建设向纵深发展。

出台惩治电信网络诈骗专门立法。近年来，中国深入开展电信网络诈骗违法犯罪活动打击治理工作。为有效预防、遏制和惩治电信网络诈骗活动，加强反电信网络诈骗工作，保护公民和组织合法权益，维护社会稳定和国家安全，

2022年9月，十三届全国人大常委会第三十六次会议表决通过了《中华人民共和国反电信网络诈骗法》，自2022年12月1日起施行。反电信网络诈骗法共七章五十条，包括总则、电信治理、金融治理、互联网治理、综合措施、法律责任和附则。在规则内容上，该法明确电信网络诈骗的概念和适用范围、规定工作机制和职能分工、明确宣传教育防范、完善相关基础管理制度、统筹推进各类反制技术措施建设、明确处置措施和申诉救济渠道等，为打击电信网络诈骗提供了全方位法律支撑。

持续完善数据跨境流动管理制度。为落实网络安全法、数据安全法、个人信息保护法中数据出境相关规定的要求，2022年至今，《数据出境安全评估办法》《个人信息出境标准合同办法》《关于实施个人信息保护认证的公告》等配套部门规章和规范性文件相继出台，进一步细化规定了数据出境活动要求，以此维护个人信息权益、社会公共利益与国家安全。至此，数据出境安全管理制度框架已经基本构建，规范层面明晰了数据合规出境的具体方式，主要包括安全评估、标准合同、个人信息保护认证三种路径，并为各路径的落实提供了切实的实践指引。《数据出境安全评估办法》正式明确了数据出境安全评估的流程与要求，特别是针对重要数据的跨境提出了安全评估要求，体现了重要数据在数据跨境保护中的特殊地位，也凸显了当前以国家安全为导向的数据跨境要求。根据办法规定，数据出境安全评估范围主要面向重要数据与达到一定规模的个人信息的出境，并着重提出了数据出境风险自评估的制度设计。《个人信息出境标准合同办法》明确了通过签订标准合同向境外提供个人信息的适用场景，划定了标准合同的主要内容，并提供了可参照的标准合同范本。《关于实施个人信息保护认证公告》公布的《个人信息保护认证实施规则》是中国首个关于个人信息保护认证的专项制度，确立了个人信息保护认证在中国个人信息保护法律体系当中的正式地位，同时进一步完善了中国数据安全认证认可制度，推动建立更加科学高效的数据安全治理体系。

2023年6月，国家网信办与香港特区政府创新科技及工业局签署《关于促进粤港澳大湾区数据跨境流动的合作备忘录》，在国家数据跨境安全管理制度框架下，建立粤港澳大湾区数据跨境流动安全规则，促进粤港澳大湾区数据跨境安全有序流动，推动粤港澳大湾区高质量发展。秉持安全和发展并重的基本理念，数据跨境流动规范体系为数据出境提供了可操作的法律依据。

2023年9月，国家网信办就《规范和促进数据跨境流动规定（征求意见稿）》公开征求意见，旨在保障国家数据安全，保护个人信息权益，进一步规范和促进数据依法有序自由流动。

稳固关键信息基础设施的立法保护支撑。关键信息基础设施是数字社会运行的神经中枢，近几年，中国一直在加强与完善关键信息基础设施的立法保护支撑。2023年4月，十四届全国人大常委会第二次会议表决通过了新修订的《中华人民共和国反间谍法》，自2023年7月1日起施行。新法“针对国家机关、涉密单位或者关键信息基础设施等实施网络攻击”等行为明确为间谍行为。此外，重点行业领域也不断完善出台本领域关键信息基础设施保护的规范性文件。2023年4月，交通运输部发布了《公路水路关键信息基础设施安全保护管理办法》，明确了公路水路关键信息基础设施的认定标准并细化了对应运营主体的保护责任，以期构建各级交通运输管理部门关于公路水路关键信息基础设施的协同治理体系。2022年8月，国家卫生健康委、国家中医药管理局、国家疾控局出台的《医疗卫生机构网络安全管理办法》，对于医疗卫生机构关键信息基础设施明确了保护要求，以保障关键信息基础设施安全稳定运行，维护数据的完整性、保密性和可用性。2022年12月，国家能源局出台的《电力行业网络安全管理办法》和《电力行业网络安全等级保护管理办法》，要求电力行业关键信息基础设施运营者优先采购安全可信的网络产品和服务，并按照有关要求开展风险评估。关键信息基础设施的立法保护思路已经由线到点，在统一立法保护框架下对于重点行业领域提供精准化、专业性的保护制度。

明确重点领域网络安全主体责任。医疗、电力等行业是关系国计民生的重要领域，其业务系统的安全稳定运行与国家安全、公共安全、公民日常生活息息相关，网络安全则是业务系统运行的前提保障。因此，在网络安全的一般立法框架下，这些重点行业领域也结合自身行业特点制定了本行业的网络安全行业规范。2022年8月，印发的《医疗卫生机构网络安全管理办法》，明确了各医疗卫生机构网络及数据安全管理基本原则、管理分工、执行标准、监督及处罚要求，体现了统筹安全与发展的总体平衡，为医疗卫生机构指明了网络安全管理的总方向。2022年12月，新修改的《电力行业网络安全管理办法》，明确了国家能源局及其派出机构、负有电力行业网络安全监督管理职责的地方能源主管部门和电力调度机构的有关职责及工作内容，规定了电力企业在关键信息基础设施安全保护、网络产品和服务采购、风险评估、监测预警和信息通报、应急能力建设、重要时期安全保障、事件应急处置、容灾备份、数据安全、资金保障、人才培养、专用安全产品管理及总结报送等方面的有关要求。网络安全的专门行业规范符合本行业的业务特点，明确了各环节负责机构的具体网络安全责任，有力提升了本行业的网络安全意识，切实维护关键行业领域网络安全。

5.1.2 数字经济法治规则逐步健全

数字经济对于优化资源配置、推动产业升级、促进经济循环具有重要意义。数字经济的规范健康发展尤为重要，中央与地方立法以不同的立法优势共同支撑与推动着数字经济的创新发展。

数据基础制度框架基本明晰。健全数据要素应由市场评价贡献，并以贡献大小决定所获报酬的机制，可以让全体人民更好共享数字经济发展成果，推进共同富裕。2022年12月，中共中央、国务院印发“数据二十条”，坚持促进数据合规高效流通使用、赋能实体经济这一主线，从数据产权、流通交易、收益分配、安全治理等四个方面提出二十条政策举措，初步搭建中国数据基础制度体系，旨在充分实现数据要素价值、促进全体人民共享数字经济发展红利。“数据二十条”提出了建立“数据资源持有权—数据加工使用权—数据产品经营权”的“三权分置”的数据产权制度框架，为数据要素市场化配置中数据权益分配的立法建设提供了指导方向。基于数据安全法所确立的“一般数据、重要数据、核心数据”的分类分级框架，相关管理办法、条例的制定逐步明晰了数据分类分级保护制度。《网络数据安全管理条例》此前已公布征求意见稿，涵盖了个人信息保护、互联网平台运营者义务等多方面内容。重点行业领域也针对数据分类分级做出了专门的行业规范。例如，2022年12月，工业和信息化部发布了《工业和信息化领域数据安全管理办法（试行）》，以数据分级保护作为总体原则，加强一般数据的全生命周期安全管理、重点保护重要数据、严格保护核心数据，明确了工业和信息化领域数据的分类分级标准，分类上划分为工业数据、电信数据和无线电数据等数据类别，分级上划分为一般数据、重要数据和核心数据三个级别，但分类分级工作较为灵活，工业和信息化领域数据处理者可在此基础上进一步细分数据的类别和级别。此外，国家标准对重要数据的划分类别与识别标准等做出了详尽具体的规定，如2022年9月，国家信息安全标准委员会发布《信息安全技术 网络数据分类分级要求（征求意见稿）》，进一步细化和落实了数据安全法的数据分类分级要求，阐明了数据分类分级的基本原则、数据分类分级框架和方法，以及数据分类分级的实施流程等。

数据知识产权保护不断加强。数字经济高质量发展离不开知识产权治理体系现代化的全面支撑。部分省市率先开展数据知识产权登记管理制度探索。2023年6月，浙江省市场监管局、省委网信办等11部门联合出台《浙江省数据知识产权登记办法（试行）》，自2023年7月1日起施行，从适用范围、登记申请、监督管理等方面对数据知识产权登记做出要求，通过构建权属明晰、源头可溯、运营合规、治理系统的数据知识产权登记保护制度，着力破解数据权属不清晰、数据创新利用不充分、数据权益保护举证难等问题，为激活数据要素价值创造和价值实现提供基础制度保障。同月，北京市知识产权局等四部门印发《北京市数据知识产权登记管理办法（试行）》，包括总则、登记内容、登记程序、管理监督和附则五部分，明确了数据知识产权的登记对象、登记主体和登记程序等主要事项，积极推进登记证书在行政执法、司法审判、法律监督中的运用，充分发挥登记证书证明效力，切实保护数据处理者的合法权益。数据知识产权相关管理部门鼓励推进登记证书，促进数据创新开发、传播利用和价值实现，这将进一步积极推进登记证书在行政执法、司法审判、法律监督中的运用，充分发挥登记证书证明效力，强化数据知识产权保护，切实保护数据处理者的合法权益。

数字经济地方立法加快推进。当前，各地竞相出台关于数据的专门条例，抢抓立法先机以盘活本区域的数据资源，释放数据价值，赋能实体经济。2022年，随着中国数字经济的快速发展，为激活与发挥数据要素的经济价值，各省市积极研究出台地方性的数字经济促进条例，例如《北京市数字经济促进条例》《河南省数字经济促进条例》《江苏省数字经济促进条例》《河北省数字经济促进条例》等地方性法规已经陆续发布。同时，各省市积极出台公共数据开放共享相关条例。浙江、江苏、广东、山东等地近两年一直积极探索公共数据的开放利用制度，并相继出台了专门的公共数据开放规范性文件，例如《浙江省公共数据条例》《山东省公共数据开放办法》《广东省公共数据开放暂行办法》等。此外，除了省级规范性文件，多个地市也紧跟出台了公共数据开放的专门文件，例如《广州市公共数据开放管理办法》《杭州市公共数据授权运营实施方案（试行）》。与此同时，北京、上海、广东、浙江等多个省市还在积极探索实践公共数据授权运营的流程与模式，并推出了如首席数据官、数据资产凭证、数据海关、监管沙盒等创新机制，逐步推进与落实公共数据的授权运营。

5.1.3 网络生态治理举措落实见效

党的二十大报告指出，新时代以来，中国“网络生态持续向好，意识形态领域形势发生全局性、根本性转变”。2022年，监管部门持续构建与完善网络综合治理体系，针对互联网信息服务中的常见场景如弹窗信息推送、跟帖评论等环节出台了专门的管理规范，细化网络内容治理的具体规则。

加强网络暴力治理。互联网不是法外之地，对于网络暴力，监管部门持续发力，强调互联网平台的管理责任，引导广大网民严格遵守法律法规，尊重社会公德和伦理道德，共同抵制网络暴力行为，坚决防止网民遭受网络暴力侵害。2022年11月，中央网信办发布《关于切实加强网络暴力治理的通知》，从建立健全网暴预警预防机制、强化网暴当事人保护、严防网暴信息扩散、依法从严处置处罚违规平台和账号等4个方面，完善网暴全链条治理机制和措施，指导网站平台提供一键防护功能，优化私信规则，建立快速举报通道，最大限度保护当事人免受网暴信息侵扰。2023年4月，最高人民检察院印发了《关于加强新时代检察机关网络法治工作的意见》，提出要依法严惩“网络暴力”等侵犯公民人身权利相关犯罪，深挖背后的产业链利益链，严厉打击“网络水军”造谣引流、舆情敲诈、刷量控评、有偿删帖等行为涉嫌的相关犯罪，协同整治“自媒体”造谣传谣、假冒仿冒、违规营利等突出问题，加强典型案例发布曝光，净化网络舆论环境。2023年7月，国家网信办向社会发布《网络暴力信息治理规定（征求意见稿）》，并向社会公开征求意见，旨在切实加强网络暴力信息治理力度，营造良好网络生态。2023年9月，最高人民法院、最高人民检察院、公安部发布《关于依法惩治网络暴力违法犯罪的指导意见》，明确了网络诽谤、网络侮辱、“人肉搜索”、线下滋扰、借网络暴力事件实施恶意营销炒作等行为适用的法律条文，并规定了利用深度合成、组织“水军”等行为构成网络暴力相关犯罪的加重情形，促进网络暴力治理长效机制不断健全完善。

规范互联网信息内容治理。互联网内容治理是国家治理、社会治理能力现代化的重要领域。2022年9月，国家互联网信息办公室、工业和信息化部、国家市场监管总局联合发布了《互联网弹窗信息推送服务管理规定》，于2022年9月30日起施行。针对开屏广告、消息“轰炸”、软件内部弹窗等弹窗乱象提出了治理要求，例如，禁止推送违法和不良信息，禁止设置诱导用户沉迷、过度消费算法模型等具体要求。该规定弥补了弹窗监管立法体系的结构性不足，同时也提高了相关法律法规的适用性、衔接性和可操作性，为企业规范化运营互联网弹窗信息推送提供了明确依据和切实指导。2022年11月，国家互联网信息办公室发布了新修订的《互联网跟帖评论服务管理规定》，加强对互联网跟帖评论服务的规范管理，促进互联网跟帖评论服务健康发展。该规定重点明确了跟帖评论服务提供者对于跟帖评论的管理责任、跟帖评论服务使用者和公众账号生产运营者的行为规范等内容。对跟帖评论服务的“使用者”也规定了对应的法律义务，并将“不良信息”纳入跟帖评论服务的规制范畴。

强化特殊群体网络保护。《新时代的中国网络法治建设》白皮书指出，“建立网络权益保障法律制度，需保障特殊群体数字权利”。通过立法为未成年人、老年人、妇女等特殊群体提供网络保护，使其能够更加平等广泛地融入数字社会，享受数字时代红利。全面修订后的《中华人民共和国妇女权益保障法》已于2023年1月1日起正式实施，针对利用信息网络侵犯女性权益的行为或现象，该法第二十七条和第八十二条特别提出了明确要求：禁止组织、强迫、引诱、容留、介绍妇女在任何场所或者利用网络进行淫秽表演活动，以及通过大众传播媒介或者其他方式贬低损害妇女人格的，依法承担行政责任，进一步构建了女性在网络空间中的专门保护机制。2023年5月，中共中央办公厅、国务院办公厅印发《关于推进基本养老服务体系建设的意见》，强调依托全国一体化政务服务平台，推进跨部门数据共享，建立困难老年人精准识别和动态管理机制，细化与常住人口、服务半径挂钩的制度安排，逐步实现从“人找服务”到“服务找人”。推动在残疾老年人身份识别、待遇享受、服务递送、无障碍环境建设等方面实现资源整合，加强残疾老年人养老服务保障。2023年6月，第十四届全国人民代表大会常务委员会第三次会议通过《中华人民共和国无障碍环境建设法》，自2023年9月1日起施行。该法强调，加强无障碍环境建设，消除公共设施、交通出行、信息交流、社会服务等各领域有形或者无形的障碍，保障残疾人、老年人能够平等充分参与社会生产生活，是保障残疾人、老年人权益，促进中国人权事业发展的内在要求和重要体现。

加强移动应用程序分发平台管理。为进一步加强对移动互联网应用程序的依法监管和综合治理，促进应用程序信息服务健康有序发展，2022年6月，国家网信办发布新修订的《移动互联网应用程序信息服务管理规定》，自2022年8月1日起施行，将小程序、快应用、浏览器插件等应用程序新业态全面纳入管理，对规范移动应用程序分发平台备案管理提出明确要求，要求应用程序提供者和应用程序分发平台履行信息内容管理主体责任，建立健全信息内容安全管理、信息内容生态治理、数据安全和个人信息保护、未成年人保护等管理制度，确保网络安全，维护良好网络生态。

5.1.4 新技术新业态规范发展

数字技术的推陈出新与创新应用，在为社会发展和生活便利带来助力的同时，也为网络空间治理带来新的风险和挑战。一年来，为应对人工智能、算法、深度合成等新技术新应用，相关部门相继出台专门的监管规范，坚持急用先行，丰富“小快灵”立法。

专项立法促进人工智能产业发展。人工智能是驱动新一轮科技革命和产业变革的战略性技术，中国相继出台一系列政策支持人工智能的发展，持续推动中国人工智能迈进新的发展阶段。在国家层面，2023年7月，国家网信办联合国家发展改革委、教育部、科技部、工信部、公安部、广电总局公布《生成式人工智能服务管理暂行办法》，提出国家坚持发展和安全并重，促进创新和依法治理相结合的原则，采取有效措施鼓励生成式人工智能创新发展，并提出了促进生成式人工智能技术发展的具体措施。在地方层面，深圳、上海纷纷通过专项立法以促进人工智能产业的健康发展。2022年9月，深圳发布了中国首部人工智能产业专项立法《深圳经济特区人工智能产业促进条例》，为破解人工智能产品落地难的问题，提出创新产品的准入制度，还率先建立人工智能统计与监测制度，对于低风险人工智能产品和服务，允许通过测试、试验、试点等方式开展先行先试。同月，上海市发布《上海市促进人工智能产业发展条例》，这是人工智能领域首部省级地方法规，为人工智能产业的规范发展构建了基本的制度框架，明确了人工智能发展的重点领域、重点方向以及相关的支持政策和管理机制，同时也规定了行业规范、禁止性行为和处罚规则，聚焦于破除人工智能产业发展中的堵点难点问题，加速推动人工智能产业、技术、应用的规范发展。

加强深度合成技术信息安全监管。为了确保深度合成服务提供者在技术开发与应用中的行为规范，监管部门始终积极探索对深度合成技术的可行性监管路径。2022年11月，国家互联网信息办公室、工业和信息化部、公安部发布了《互联网信息服务深度合成管理规定》，针对深度合成服务提供者、技术支持者及使用者等主体做出了具体的责任要求，进一步厘清和细化了深度合成技术的应用场景，明确了深度合成服务提供者和使用者的信息安全义务，并规定国家网信部门负责统筹协调全国深度合成服务治理和相关监督管理工作。各行业领域也随之针对深度合成技术服务做出了行业规范表态，例如，2023年4月，中国移动通信联合会元宇宙产业工作委员会、中国通信工业协会区块链专业委员会等共同发布《关于元宇宙生成式人工智能（类ChatGPT）应用的行业提示》，提出要严格遵守国家及行业相关法律法规要求，增强合规谨慎经营的理念，全面提高风险管控水平。

明确智能网联汽车运营管理要求。在智能网联汽车的制度支撑上，中国一直积极探索制定智能网联汽车道路测试和示范应用、准入和登记、网络安全和数据保护、交通违法和事故处理等方面的管理规范。2022年8月，为适应自动驾驶技术的发展趋势，鼓励和规范自动驾驶汽车在运输服务领域应用，保障运输安全，交通运输部在系统梳理总结自动驾驶汽车试点示范运营情况的基础上，组织起草了《自动驾驶汽车运输安全服务指南（试行）》，规定了自动驾驶汽车从事运输经营活动时，运输经营者、车辆、人员应满足的具体要求。同月，自然资源部发布了《关于促进智能网联汽车发展维护测绘地理信息安全的通知》，明确了智能网联汽车应用中测绘地理信息数据采集和管理等相关法律法规政策的适用与执行问题。2022年10月，工业和信息化部发布了《道路机动车辆生产准入许可管理条例（征求意见稿）》，提出了智能网联汽车在生产准入许可管理、生产企业义务等方面的特殊管理要求。2022年11月，工业和信息化部发布了《关于开展智能网联汽车准入和上路通行试点工作的通知（征求意见稿）》，提出了准入和上路通行的试点内容。自2022年以来，多个部委发布文件，明确智能网联汽车的管理要求，积极推动智能网联汽车相关试点工作的开展，中国在自动驾驶领域的立法建设工作，已经从自动驾驶测试的规范建设推进到商业化落地的规范建设阶段。同时，地方立法也在积极探索智能网联汽车的规范建设。例如，2022年6月，深圳市发布了《深圳经济特区智能网联汽车管理条例》，针对智能网联汽车的全产业链条分别进行了规范；2022年11月，上海市交通委员会发布了《上海市智能网联汽车示范运营实施细则》，为企业开展示范运营活动提供了具有操作性的现实指引。无论国家立法还是地方立法，均在深入探索智能网联汽车的规范建设，为智能网联汽车产业高质量发展奠定坚实基础。

聚焦精准化网约车服务管理。对于网约车行业，在制定规则维护市场秩序的同时，也鼓励运营模式创新、培育发展新业态。继2016年陆续发布《网络预约出租汽车经营服务管理暂行办法》《关于加强网络预约出租汽车行业事中事后联合监管有关工作的通知》之后，2022年11月，交通运输部、工业和信息化部、公安部、商务部、国家市场监管总局、国家网信办等6个部门联合发布了《关于修改〈网络预约出租汽车经营服务管理暂行办法〉的决定》，自公布之日起生效。相较于之前的相关规定，此次修改删除了未按照规定携带网络预约出租汽车运输证、驾驶员证行为的罚款规定，并下调了未取得两证从事网约车经营活动等行为的罚款数额。该决定是贯彻落实《国务院关于取消和调整一批罚款事项的决定》中的具体要求，并切实推进“放管服”改革、优化营商环境的有力举措，从而有效平衡规范监管与市场需求，缓解城市中打车难、约车难的实际问题。

5.2　网络执法规范有序

为进一步发挥执法监管利剑作用，聚焦数据安全、个人信息保护等领域突出问题，持续加强监管执法，切实维护网络空间公平正义、文明有序，国家有关部门依法严厉打击网络谣言、网络暴力等信息内容乱象，加大个人信息保护领域执法力度，开展常态化的平台反垄断执法，积极开展电信网络诈骗专项行动，出台《网信部门行政执法程序规定》《工业和信息化行政处罚程序规定》，推动网络执法规范有序开展。

5.2.1　依法打击信息内容乱象

一年来，为进一步净化网络生态环境，各部门严厉打击网络谣言、虚假信息传播等违法违规行为和网络暴力行为。据统计，2022年1月至2023年6月底，全国网信系统累计依法约谈网站平台14126家，警告9626家，罚款处罚645家，暂停功能或更新809家，下架移动应用程序540款，会同电信主管部门取消违法网站许可或备案、关闭违法网站32937家，移送相关案件线索17631条。

各级网信部门结合开展“清朗”系列专项行动，进一步加大执法力度，会同电信主管部门依法关闭“新时代党建新闻网”“党政理论网”等一批未取得许可资质违规开展互联网新闻信息服务、严重扰乱网络传播秩序的网站，关闭“千酷网”“乐友下载站”等为色情类移动应用程序提供下载服务的网站平台；依法下架“苹果直播”“伊人APP色版”等一批传播色情信息的移动应用程序。相关网站平台依法依约处置@财经-KK、“币然崛起炒币族”等一批违规发布虚拟货币信息的账号，处置@金洋Jyan、“首席国哥”等一批发布炒作虚假信息、违背公序良俗的账号。

加强对移动互联网应用程序规范管理。2022年以来，针对具有舆论属性或社会动员能力的“空空语音”等APP存在未按要求开展安全评估等违法违规行为，依法对其予以下架处置。针对具有较强舆论属性和社会动员能力的新技术新应用未经评估上线问题，依法对“海鸥”“事密达”等移动应用程序采取下架处置措施。

5.2.2 加大个人信息保护执法领域力度

国家网信办不断加大个人信息保护等领域执法力度，严厉打击重大违法违规行为。曝光个人信息保护典型执法案例，教育引导互联网企业依法合规运营，促进企业健康规范有序发展。针对个别互联网企业怠于履行网络安全和数据安全保护义务，依法对其采取罚款、整改、警告、处理责任人等措施。2022年度，依法查处人民群众反映强烈的，存在以强制、诱导、欺诈等恶意方式违法违规处理个人信息行为的“超凡清理管家”等135款APP。经查，“超凡清理管家”等55款APP存在强制索要非必要权限、未经单独同意向第三方共享精确位置信息、无隐私政策、超范围收集上传通讯录等问题，违反个人信息保护法等法律法规规定，性质恶劣，依法予以下架处置；“东方头条”等80款APP存在频繁索要非必要权限、首次启动未提示隐私政策、未告知相关个人信息处理规则、默认勾选隐私政策、无法或难以注销账号等问题，违反个人信息保护法等法律法规规定，依法责令限期整改，逾期未完成整改的，依法予以下架处置。

5.2.3 常态化规范数字市场垄断与不正当竞争行为

一年来，监管部门针对数字市场中的垄断与不正当竞争行为进行严格执法，反垄断执法已经成为常态化机制。随着反垄断常态化监管的深入推进，2022年7月，国家市场监管总局对28起未按规定依法申报违法实施经营者集中案件作出行政处罚决定。本次公开案件均为过去应当申报而未申报的交易，多数涉及VIE架构的数字平台企业，这是自2020年12月14日国家市场监管总局首次、批量处罚互联网企业未依法申报案件以来，发布的第七批互联网企业案件。

同时，加强竞争合规的指导。国家市场监管总局在依法查办垄断案件的基础上，督促全面停止“二选一”等垄断行为，认真落实整改措施，积极推动平台企业加强合规建设，推动市场竞争秩序不断优化。加强市场竞争状况的评估和监测预警，完善预防性的监管措施，有效防范和化解互联网平台垄断风险，维护市场公平竞争，为平台企业规范健康持续发展创造良好的环境。

5.2.4　规范网信行政执法程序

网信部门行政执法程序不断完善。为进一步规范和保障网信部门依法履行职责，保护公民、法人和其他组织的合法权益，维护国家安全和公共利益，2023年3月，国家网信办发布《网信部门行政执法程序规定》，对现行《互联网信息内容管理行政执法程序规定》进行了全面修订，新规自2023年6月1日起正式实施。新出台的规定规范了网信部门行政执法程序。一是明确立案、调查取证、审核、决定、送达、执行等多环节的具体程序要求，并规定网信部门应当依法以文字、音像等形式进行全过程记录，归档保存。二是完善回避制度、听证制度和当事人的陈述、申辩制度，切实保障当事人的权利。三是明确法制审核程序，规定应当进行法制审核的案件范围、审核机构、审核人员，明确未经法制审核或者审核未通过的不得作出行政处罚决定。四是明确重大处罚案件集体讨论决定制度，对情节复杂或者重大违法行为给予行政处罚，网信部门负责人应当集体讨论决定。五是明确规定网信部门办理行政处罚案件的期限以及结案的具体情形。

2023年5月，工业和信息化部公布了《工业和信息化行政处罚程序规定》，自9月1日起正式施行，对现行《通信行政处罚程序规定》进行了修订。主要修订内容有：一是根据当前工业和信息化行政执法工作需要，将适用范围从通信领域扩展到工业和信息化领域。二是根据《行政处罚法》以及行政执法“三项制度”的有关要求，增加了行政处罚原则、行政处罚信息公示、执法人员资格要求、执法全过程记录、行政处罚决定公开等制度，并调整和细化了有关回避的规定。三是针对通过电信网络实施的违法行为发生地难以确定的情况，规定了住所地、网络接入地等违法行为发生地，便于工业和信息化管理部门确定管辖。对于两个以上工业和信息化管理部门都有管辖权的，规定了“最先立案”管辖原则，细化了管辖权争议解决程序。同时，调整了移送管辖的有关规定。四是调整、细化了普通程序。在立案方面，完善了立案条件、时限等规定；在调查方面，优化了调查取证程序，明确了执法基本要求，增加了中止调查等规定；在听证方面，调整了听证适用情形、听证人员等规定；在决定方面，增加了重大违法行为应当集体讨论的规定，调整了案件办案期限；在送达方面，明确了送达方式和送达地址有关要求。

5.3 智慧司法提升网络治理成效

人民法院与人民检察院全面提升智慧司法建设水平、持续完善互联网司法模式、强化数字经济司法保障，不断推动现代科技和司法工作深度融合，为推动网络法治文明建设、服务数字经济发展做出积极努力。

5.3.1 智慧法院信息系统普及应用

智慧法院的智能辅助办案系统开启了智慧司法新时代，包括“智慧服务”“智慧审判”“智慧执行”“智慧管理”等相关系统的信息化建设应用。当前，中国法院已经建成了支持全国四级法院“全业务网上办理、全流程依法公开、全方位智能服务”的智慧法院信息系统，司法工作的效率和质量显著提高。根据数据显示，目前全国法院全部应用“人民法院在线服务”小程序和手机“掌上立案”，让当事人充分感受到了“指尖诉讼、掌上办案”的便利性。2022年，法院信息化建设以全链条要素式审判技术攻关试点为抓手，全力推进审判智能化应用；强化最高人民法院与各高级人民法院办案系统上下级协同能力，满足四级法院审级职能定位改革要求；提升生态环境治理智能化水平，建设中国环境资源审判信息平台；升级中国海事审判网，助力海事审判工作智能化水平提升。2022年，智慧法院大脑服务能力继续提升。一是个性化数据智能推荐功能优化。依托统一工作桌面，向干警推送实时动态数据。二是完善司法知识库知识体系构建。完成案由生成、要素提取和文书生成所需内外网资源的申请部署。三是针对应用场景拓展通用智能化能力。完成人工智能平台基础AI模块设计规划，面向全国法院提供法信智推、当事人画像、图文识别等智能化服务。某些地方也在尝试更先进的智慧司法探索，例如，浙江法院按照“平台+智能”顶层设计，全力打造“线上线下深度融合、内网外网共享协同、有线无线互联互通”的“全域数字法院”。未来，人民法院将继续深化智慧法院建设，完善互联网司法模式，让人民群众感受到更多数字红利，努力创造更高水平的数字正义。

5.3.2 数字检察模式取得新突破

随着全国检察机关数字检察工作会议的召开，加快推进检察建设，以

“数字革命”驱动新时代检察工作高质量发展成为2022年检察工作的新亮点。推动各地组建数字检察专门机构，确定全国数字检察工作联系点，出版《数字检察办案指引》，出台大数据法律监督模型管理办法，起草数字检察工作规则，引导数字检察工作规范、长远发展。根据最高人民检察院数据显示，2022年全年提供律师互联网阅卷服务超7万次，同比增长159%；覆盖律师3.4万名，同比增长162%。开展检察听证直播近2000场次，直播观看量同比增长2.2倍，以公开促公正。当前，全国检察机关已进入数据化、科学化、智能化的“智慧检务4.0”阶段，逐步从电子检务阶段的“一切业务数据化”迈向智慧检务阶段的“一切数据业务化”“人工智能+检察工作”已经开始投放应用，例如贵州、上海等地智能辅助办案系统，浙江基于智能语音技术的智慧公诉，江苏检察院的案管机器人等。此外，各地检察机关也在积极探索与持续深入智能检务的工作突破。根据最高人民检察院数据显示，截至2023年3月，各地检察机关已研发数字监督模型800多个，挖掘线索20多万条，监督成案6.1万余件，涉及检察各个领域。2023年2月，深圳市检察院秉持“聚焦新领域、提升新能力、取得新突破”的总体思路，投入建设“检务云”和“数据一体化平台”，并同时印发了《深圳市检察机关数字检察行动计划（2023—2025年）》，与时俱进深入建设数字检察模式，率先在全国检察机关探索法律监督业务流程化、闭环管理的新路径。

5.3.3　大数据赋能司法救助机制

创新“大数据+”模式，延伸司法救助触角，以数字检察多维度提高救助的精准性、科学性和有效性，打通法律监督堵点难点，推动社会治理现代化，赋能司法救助新格局。2022年，最高人民检察院与中华全国妇女联合会联合深化推进“关注困难妇女群体，加强专项司法救助”活动和“司法救助助力全面推进乡村振兴”专项活动，各地检察机关研判过往司法救助案例，依托全国检察业务应用系统和本地大数据资源，以大数据赋能挖掘救助线索、提升救助效率，实现救助线索及时发现，司法救助与社会救助协同推进。2023年5月，最高人民检察院印发第一批大数据赋能类案司法救助典型案例，总结基层检察院建立司法救助大数据模型的经验做法，推动实现司法救助与社会救助信息共享、双向衔接，以“数字革命”助推控告申诉检察工作高质效发展。数字检察的普及应用，从“人工发现”到“智能筛选”、从“各自为战”到“协作联动”、从“个案办理”到“类案监督”，强力赋能司法救助新模式，推动了社会治理的现代化进程。

5.3.4 维护网络空间司法权益

公益诉讼制度助推网络法治化治理工作落实。党的二十大强调要完善公益诉讼制度，网络法治化治理则是拓展公益诉讼案件的重点领域之一。最高人民检察院数据显示，2022年1月—2023年3月，全国检察机关共立案办理个人信息保护公益诉讼案件8200余件，其中民事公益诉讼3300余件，行政公益诉讼4900余件。立案办理网络治理（除个人信息保护以外）公益诉讼案件128件，其中民事公益诉讼60件，行政公益诉讼68件。2023年3月，最高人民检察院发布了一批个人信息保护检察公益诉讼典型案例，旨在坚持把网络治理作为公益诉讼服务国家治理的重要切入点，聚焦侵害众多公民个人信息安全、侵害电子商务消费者权益、危害网络安全与数据安全等突出公益损害问题，统筹运用各类监督方式，通过行政公益诉讼督促相关行政机关依法全面履职，通过民事公益诉讼、刑事附带民事公益诉讼、支持起诉等方式追究相关民事主体公益损害责任。同时，对于承担一定公共管理职能和重要社会责任的网络运营者、电子商务平台经营者，目前各地检察院探索以民事公益诉讼检察建议方式督促其整改，从而督促和支持企业规范有序平稳发展。此外，检察公益诉讼制度也着重强化对于未成年群体的专门网络保护，“未成年人检察业务+公益诉讼”双向发力，保护未成年人远离网络的不良影响。

司法工作助力服务保障数字经济发展。最高人民检察院印发的《关于加强新时代检察机关网络法治工作的意见》，提出要平等保护数字经济各类市场主体的权益，对此，检察工作要加大对利用网络发布不实信息诋毁企业商业信誉、实施敲诈勒索等犯罪的惩治力度。综合运用多种方式，加大对电商消费者、新就业形态劳动者等主体权益的司法保护力度，深入研究数据交易、数据服务等新类型案件涉及的数据权属问题。法院审判工作也在积极探索数字经济案件的科学研判思路，为数字经济发展和技术创新明晰规则，引导数字产业在法治轨道上健康有序发展。例如，2022年11月，上海市嘉定区人民法院发布上海法院数字经济司法研究及实践（嘉定）基地首批典型案例；2023年4月，广东省高级人民法院发布一批数字经济知识产权保护典型案例（第一批）；同月，江西省高级人民法院发布了服务保障数字经济发展十大典型案例。各级各地人民法院通过充分发挥典型案例的示范、引领和推动作用，进一步为数字经济发展营造良好的法治环境。

积极打击电信网络诈骗犯罪。最高人民检察院数据显示，2022年1月—2023年3月，全国检察机关依法从严打击电信网络诈骗犯罪，共起诉电信网络诈骗犯罪3.7万余人。加大对境外电信网络诈骗集团的打击力度，深入推进“拔钉”专项行动，会同公安部先后两次挂牌督办2批8件特大跨境诈骗犯罪案件，向社会及时公布督办事项及进展情况，取得良好社会效果。通过总结以往反诈工作所积累的经验，定位电信网络诈骗的各个环节，着力构建全链条的电信网络诈骗防范机制。同时，加强各部门协同联动，推动形成全链条反诈、全行业阻诈、全社会防诈的打防管控格局。

5.4　网络普法深入民心

网络法治宣传教育是依法治网的长期基础性工作，是推进网信事业健康发展的必然要求。一年来，网络普法针对性、实效性明显提高，网民法治素养和法治意识显著增强。

5.4.1　创新网络普法宣传形式

为进一步增强全民法治意识，营造全民学法、懂法、守法、用法的良好社会氛围，各部门纷纷通过互联网渠道发布网络法律法规知识竞赛、年度普法典型案例、普法纪实动漫等，利用新技术开展精准普法，不断创新网络普法宣传形式，全面推动普法宣传取得新成效。

举办互联网法律法规知识云大赛。2022年9月，2022全国互联网法律法规知识云大赛（以下简称“云大赛”）举办，云大赛以习近平法治思想、习近平总书记关于网络强国的重要思想为指导，提升网信系统干部、互联网从业人员、广大网民的网络法治素养，推进依法治网、依法办网、依法上网，为网络强国建设营造良好的法治环境。云大赛的竞赛内容涵盖习近平法治思想、宪法、民法典、未成年人保护法以及网络安全法、数据安全法、个人信息保护法和互联网新闻信息服务管理规定等法律法规，实现了重点法律内容全覆盖，凸显了普法内容的权威性。作为云大赛配套宣传的主要途径，宣传平台涵盖普法资讯、经典案例、政策解读、锐评声音、行业观察、理论研究等多个深度栏目，内容丰富翔实。

发布2022年度全国网信系统网络普法优秀案例。自《网信系统法治宣传教育第八个五年规划（2021—2025年）》印发以来，各地认真贯彻落实，主动担当作为，全面推进规划落地见效、向纵深发展，扎实推动网络普法取得实效，形成一批可复制、可推广的经验做法。中央网信办组织梳理有关经验做法，加强成果推广应用，切实发挥案例的典型示范、引领带动作用，不断开创网络普法工作新局面。

开展“全国网络普法行”系列活动。2023年2月，中央网信办推出“全国网络普法行”网络法治宣传重要品牌活动。本次活动是网信系统深入学习贯彻党的二十大精神、全面落实网信系统“八五”普法规划、加强网络法治宣传的重要举措，在浙江、江西、四川、黑龙江、广西开展系列普法宣传活动。

充分运用新技术开展精准普法。2022年，最高人民法院在“希壤元宇宙虚拟交互空间”展示法院工作和典型案件，为社会公众带来了更具创新性和沉浸式普法体验的互动路径，总曝光量近1亿次。2023年，最高人民法院首次实现人机互动，推出首位人工智能虚拟司法助手“正义”、首位报告解读AI数字人“林开开”，在国内司法系统首次实现了可实时互动的元宇宙轻量级应用，成为法治宣传在生成式人工智能上的一次全新探索。

丰富网络普法形式。2023年，最高人民检察院围绕工作报告，发布《最高检工作报告的这些表述，很“硬核”》等系列解读作品，发布首支检察业务工作主题曲《携长风予你》，创新采用“AI主播+3D数据展示+动画”形式，生动地可视化呈现报告主要内容，策划推出首个普法纪实系列动画短片《“重返”案发现场·人民的检察官》，多形式展现工作成效，传播效果显著。

5.4.2　普及网络法律宣传教育

各部门积极开展与民众生活息息相关的重点法律法规网上宣传活动，如最高人民法院加强宪法云宣传教育和民法典微课堂活动，最高人民检察院针对反电信网络诈骗法发布网络反诈短剧，国家反诈中心积极发布2023版《防范电信网络诈骗宣传手册》，推进重点法律宣传教育深入民心。

加强宪法宣传教育。2022年12月，最高人民法院策划开展"'云'上看法院　法治在身边"2022年"宪法宣传周"特别活动，通过云直播的方式带领社会公众在中国法院博物馆了解和认识宪法的发展与实施脉络，云端走进最高人民法院智慧法院实验室，线上游览北京金融法院等10家法院，"沉浸式"感受司法氛围，向社会公众弘扬宪法精神，传播法治理念，引导全体人民做社会主义法治的忠实崇尚者、自觉遵守者、坚定捍卫者。

积极开展反电信网络诈骗宣传活动。最高人民检察院在快手号发布网络短剧《反诈精英——人民的检察官》，联合B站UP主共同创作《检察官为犯罪"工具人"写歌？还是硬核rap……》，让广大民众警惕"帮信罪"，不要成为电信诈骗的帮凶。2023年6月，为进一步扩大反诈宣传覆盖面，提高广大群众防骗意识，国家反诈中心制作2023年版《防范电信网络诈骗宣传手册》，向广大人民群众介绍了"电信网络诈骗中的十大高发类案""防范电信网络诈骗七大反诈利器"及反电信网络诈骗法等重要内容，揭批了诈骗犯罪手法，解析了典型案例，并进行了防骗提示。

5.4.3　加强重点对象网络普法

为进一步聚焦重点人群，精准普法，最高人民检察院持续开展未成年人保护主题网络宣传活动，中国残联、司法部等开展残疾人权益保障知识网络警示，不断提升重点人群依法维护自身权益的意识。

持续开展未成年人保护主题宣传。最高人民检察院连续3年组织开展"保护少年的你"主题网络宣传活动，通报"检爱同行　共护未来"法律监督专项行动工作情况并发布典型案例，推出首部未成年人检察纪录片《保护少年的你》，维护未成年人合法权益，提升未成年人保护意识。

提升残疾人权益依法保障意识。2023年4月，残疾人权益保障法律知识网络竞赛正式启动，推动社会公众对依法发展残疾人事业的关注和支持，提升残疾人依法维护自身权益的意识和能力。竞赛以《中华人民共和国宪法》《中华人民共和国民法典》《中华人民共和国残疾人保障法》等与残疾人权益保障密切相关的法律法规为主要内容，面向社会公众以及残疾人、残疾人亲友和残疾人工作者开展。

第6章

数字政府建设

全球经济社会数字化转型加速，数字生产力成为推动经济增长、社会发展的关键力量。数字化转型已成为我国政府积极顺应时代潮流、把握发展机遇、主动应对挑战的重要举措。在以习近平同志为核心的党中央坚强领导下，我国积极顺应新一轮科技革命和产业变革潮流，以建设数字中国作为新时代国家信息化发展的总体战略，把数字政府建设作为落实网络强国和数字中国战略的基础性和先导性工程，把强化数字化能力建设、提升数字化治理和服务水平作为数字政府建设发展的新阶段、新命题，对数字政府建设进行系统化部署，推动各地各部门不断完善数字化服务能力。结合新一代信息技术持续做好数字政府建设，已成为我国各级政府积极顺应时代潮流、把握发展机遇、主动应对挑战的重要举措。

一年来，中国数字政府迈上了建设发展的快车道，政策制度体系持续完善，系统平台建设持续推进，数据治理体系建设进展显著，数字化服务和监管能力进一步提升，在推动国家治理体系和治理能力现代化方面取得突出成效。

6.1 政策制度体系持续完善

党的十九届四中、五中全会指出，推进数字政府建设，加强数据有序共享，提升公共服务、社会治理等数字化智能化水平。“十四五”规划纲要用专门章节部署“提高数字政府建设水平”。国务院《关于加强数字政府建设的指导意见》等专项文件也陆续出台，持续推动完善数字政府建设管理的政策制度体系。

6.1.1 国家出台多项政策文件

在数字中国整体战略部署下，2022年以来，我国结合当前数字政府建设发展实际出台了一系列政策文件，内容涵盖总体战略、政务数据、政务服务等多个方面。

在总体战略方面，2023年2月印发的《数字中国建设整体布局规划》，将数字政务作为数字技术与“五位一体”深度融合的重点方向，提出发展高效协同的数字政务，进一步明确了数字政务建设发展的定位、方向与要求。具体内容包括：加快制度规则创新，完善与数字政务建设相适应的规章制度；强化数字化能力建设，促进信息系统网络互联互通、数据按需共享、业务高效协同；提升数字化服务水平，加快推进“一件事一次办”，推进线上线下融合，加强和规范政务移动互联网应用程序管理。

在政务数据方面，2022年9月，国务院办公厅印发了《全国一体化政务大数据体系建设指南》（以下简称《建设指南》），充分发挥政务数据在提升政府履职能力、支撑数字政府建设以及推进国家治理体系和治理能力现代化方面的重要作用。《建设指南》以指南的形式为我国政务大数据的建设与发展提出了要求、提供了遵循，与国务院《关于加强数字政府建设的指导意见》中的数据资源体系相呼应，面向当前数字政府建设最核心、最急迫的关键问题，用“统筹管理一体化”明确国家、地方、行业部门在政务数据工作中的权责，用“数据目录一体化”摸清全国政务数据资源家底，用“数据资源一体化”强化数据归集、提升数据质量，用“共享交换一体化”实现政务数据在全国范围内的按需流动，用“数据服务一体化”助力政务大数据的分析和应用，用“算力设施一体化”提升建设效率和支撑能力，用“标准规范一体化”夯实政务大数据建设管理基础，用“安全保障一体化”筑牢政务大数据体系建设底线。

在政务服务方面，国家层面在前一阶段政务服务水平显著提升的基础上，从“一件事一次办”“跨省通办”等不同角度提出了更高的要求。2022年10月，国务院办公厅印发《关于加快推进“一件事一次办”打造政务服务升级版的指导意见》，明确要推进企业和个人全生命周期相关政务服务事项“一件事一次办”，优化服务模式，加强支撑能力建设。同期印发的《关于扩大政务服务“跨省通办”范围进一步提升服务效能的意见》，明确了要扩大“跨省通办”事项范围，提升“跨省通办”服务效能，加强“跨省通办”服务支撑，提出了22项全国政务服务“跨省通办”新增任务，持续深化政务服务“跨省通办”改革。

6.1.2 地方政府持续加强规划与布局

近年来我国各级地方政府积极推进数字政府的建设与发展，开展了大量规划、建设和实施工作。2022年7月—2023年6月底，广东、宁夏、河南、西藏、云南、山东、福建、广西、黑龙江、浙江等地出台或更新了数字政府建设相关的方案或实施意见，如表6-1所示。从2020年至今，我国省级政府出台了30余份与数字政府相关的规划、方案或意见，推动我国数字政府制度规则体系持续健全、建设管理水平不断提升。

表6-1　2022年7月—2023年6月底省级地方出台的数字政府专项政策文件

地方	文件名称	文号	发文日期
广东	《广东省人民政府关于进一步深化数字政府改革建设的实施意见》	粤府〔2023〕47号	2023年6月8日
宁夏	《自治区人民政府关于加强数字政府建设的实施意见》	宁政发〔2023〕17号	2023年5月16日
河南	《河南省加强数字政府建设实施方案（2023—2025年）》	豫政〔2023〕17号	2023年4月26日
西藏	《西藏自治区加强数字政府建设方案（2023—2025年）》	藏政发〔2023〕12号	2023年4月16日
云南	《云南省数字政府建设总体方案》	云政发〔2023〕8号	2023年3月2日
山东	《山东省数字政府建设实施方案》	鲁政字〔2023〕15号	2023年1月29日
福建	《福建省数字政府改革和建设总体方案》	闽政〔2022〕32号	2022年12月26日
广西	《广西壮族自治区人民政府关于加强数字政府建设的实施意见》	桂政发〔2022〕31号	2022年11月30日
黑龙江	《黑龙江省人民政府关于加强数字政府建设的实施意见》	黑政发〔2022〕23号	2022年9月28日
浙江	《浙江省人民政府关于深化数字政府建设的实施意见》	浙政发〔2022〕20号	2022年7月30日

各地出台的数字政府建设相关规划或政策，普遍涉及数字治理能力提升、数字化治理体系建设、政务数据体系建设、政务基础设施建设，以及数字政府相关的重点任务和工程等。相较于传统电子政务建设，在国务院《关于加强数字政府建设的指导意见》的引领下，近年来各地出台的数字政府相关政策呈现以下突出特点：

一是在管理体制上，从部门主导转向统建统管。整体理念上更加强调以人民为中心、以需求为导向，通过践行整体性治理的理念，打破传统从部门自身业务出发的建设管理模式，解决以往碎片化建设带来的各自为政、信息孤岛割据的问题，推动实现跨部门、跨层级、跨地域等综合业务需求，逐步突破部门主导的建设管理模式，在统筹协调的基础上，进一步转向权责明晰的统建统管体制。

二是在建设模式上，从分散化转向整体性建设。政务云、数据平台等新型基础设施的部署和建设是近年来数字政府发展的显著特征。通过大平台、大系统的持续建设，实现政务业务模式的一体化整合，显著增强部门间的协同性，从而提高政府解决复杂问题的能力，为社会公众和企业提供更好的服务体验和更加适宜的生产生活环境。

三是在技术手段上，从传统信息化转向数字化智能化。随着数据上升为关键生产要素，近年来的数字政府建设更加强调以数据定义和重构业务，以数据集中和共享为途径，推动技术融合、业务融合、数据融合，打通信息壁垒，实现政务业务的一体化协同和整体治理。大数据、人工智能等新一代信息技术的发展与成熟，为政务领域提供了更加智能、高效的技术手段。近年来各地的数字政府部署与建设已不再满足于提供方便、提高效率的基本需求，逐步探索利用大数据进行综合分析，辅助政府开展经济调节、市场监管、社会治理、应急处置等工作。

6.2 平台系统建设持续推进

各级各地政府持续投入资金大力推进数字政府相关基础设施的建设，加快构建一体化政务服务平台和政务数据平台，推动政务信息系统整合，支撑各领域、各行业数字政务相关应用，取得显著成效，为各项政务服务的高效开展提供了有力支持。

6.2.1 国家相关平台功能持续完善

电子证照发证、用证清单纳入全国一体化政务服务平台动态管理，电子证照在交通出行、文化旅游等领域初步应用，身份证电子化和社保卡居民服务“一卡通”开始试点推广。截至2023年3月底，国家政务服务平台已归集汇聚32个地区和26个国务院部门900余种电子证照，累计提供电子证照共享应用服务83.5亿次，有效支撑减证明、减材料、减跑动。

2022年11月底，国家规章库建成上线，汇聚现行有效的部门规章和地方政府规章1万余部。国家规章库系统清理、集中公开现行有效规章并动态更新，是解决长期存在的规章底数不清、获取不便问题的重要举措，有利于进一步明确市场监管规则，营造市场化、法治化、国际化营商环境，提高法治政府建设质量。

全国人大及相关履职平台建设取得突破性进展。全国人大代表工作信息化平台开通以来，汇集了2700多名代表、3000多名工作人员、2万多个办理议案建议的群组，极大地便利了人大代表履职工作和沟通联系。“云”听会系统、网络视频会议、语音转写技术等开始广泛应用，有力支撑了人大会议期间转播、采访、记录等工作开展。

智慧法院实现进一步转型升级。通过司法数据中台和智慧法院大脑的司法知识服务平台集成33项优质服务，涵盖80%的审判执行核心业务场景，面向全国3470家法院累计服务超8亿次，服务能力覆盖100%的高院中院和97%的基层法院，全国法院电子诉讼占比从2021年的24%提升到2022年的28%，全国统一司法区块链平台累计完成28.5亿条数据上链存证固证。

6.2.2　各地政府保持较高建设投入

通过对全国各级各地政府采购网站在2022年1—12月发布的招投标信息进行分析，共筛选出全国31个省（自治区、直辖市）的数字政府建设和服务项目66588个。其中，建设项目数量位居前五名的地方分别是浙江（5785个）、广东（5551个）、江苏（5324个）、四川（4149个）、山东（3862个），如图6-1所示。

从项目投资规模来看，2022年全国31个省（自治区、直辖市）的数字政府建设和服务项目累计投入资金1008.66亿元，保持较高投入。投入资金总额排名前五的地方为广东（105.62亿元）、浙江（81.20亿元）、四川（76.56亿元）、江苏（67.58亿元）、山东（59.25亿元），如图6-2所示。

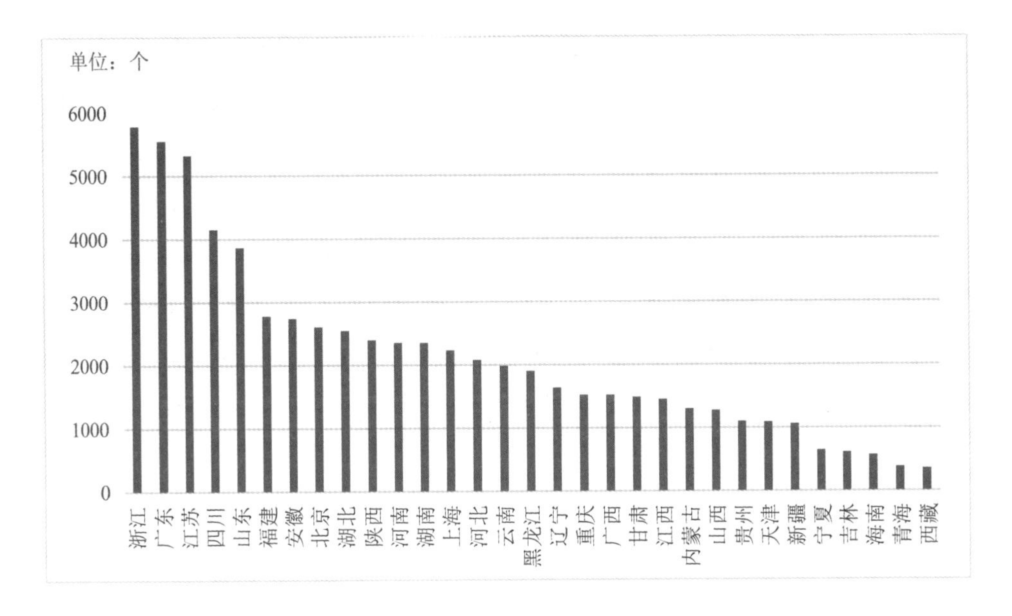

图6-1　2022年全国31个省（自治区、直辖市）数字政府建设和服务项目数量

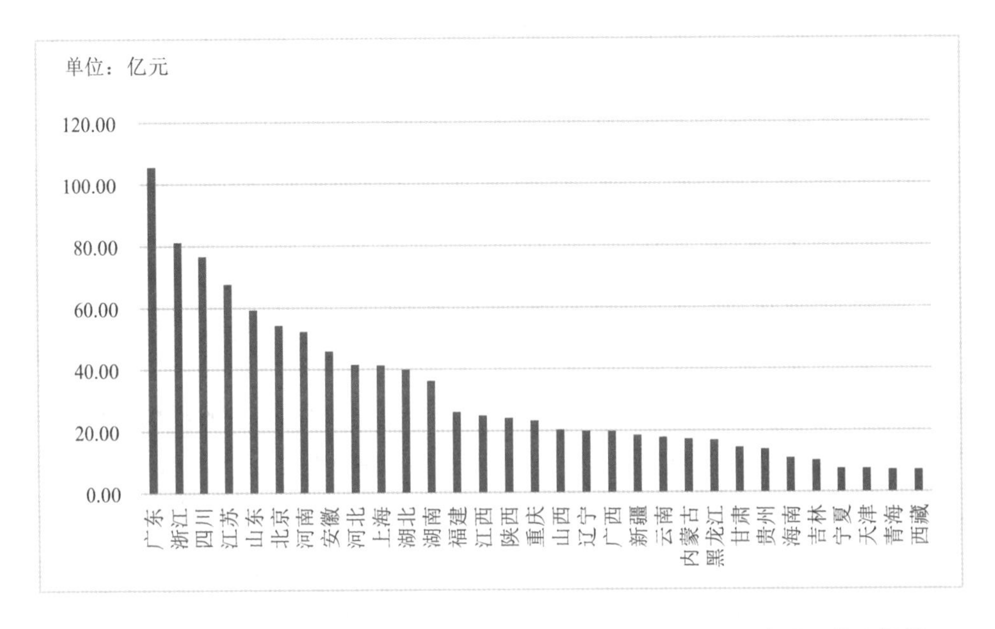

图6-2　2022年全国31个省（自治区、直辖市）数字政府建设和服务项目投资规模

从区域投入力度来看，2022年东部地区、中部地区和西部地区的数字政府建设和服务项目数量分别为33492个、15211个和17885个，东部地区、中部

地区和西部地区的数字政府建设和服务项目累计投入资金分别为514.88亿元、246.36亿元和247.41亿元。无论是项目数量还是投资规模，东部地区数字政府建设和服务项目数量和投资规模均远高于中部地区和西部地区，资金投入占比超过50%，如图6-3所示。

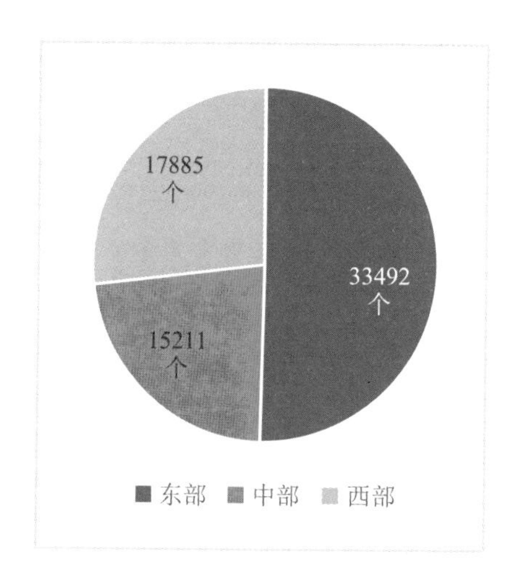

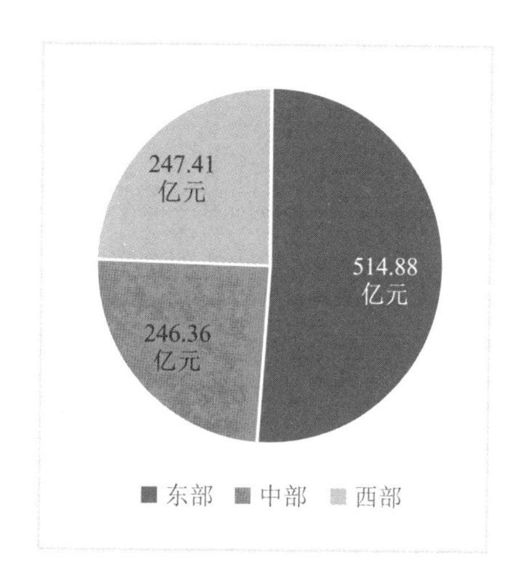

图6-3　2022年东部、中部和西部地区数字政府项目建设数量和投资规模

6.2.3　投资建设覆盖多个重点领域

从数字政府投资建设的具体领域分布来看，2022年全国31个省（自治区、直辖市）的数字政府建设领域分布于综合、交通、财税、教育、卫生健康、民政、司法、农林等各个领域，其中教育领域、交通领域、卫生健康领域投资建设项目较多。

在教育领域，2022年全国31个省（自治区、直辖市）共有建设项目2115个，资金投入规模为38.76亿元，占2022年数字政府建设资金投入总量的3.84%。教育领域建设项目数量排名前五的地方分别为四川（180个）、浙江省（177个）、江苏（146个）、广东（134个）、上海（115个），如图6-4所示；教育领域建设投资金额排名前五的地方分别为陕西（3.74亿元）、河南（3.43亿元）、四川（3.37亿元）、浙江（2.72亿元）、上海（2.52亿元），如图6-5所示。

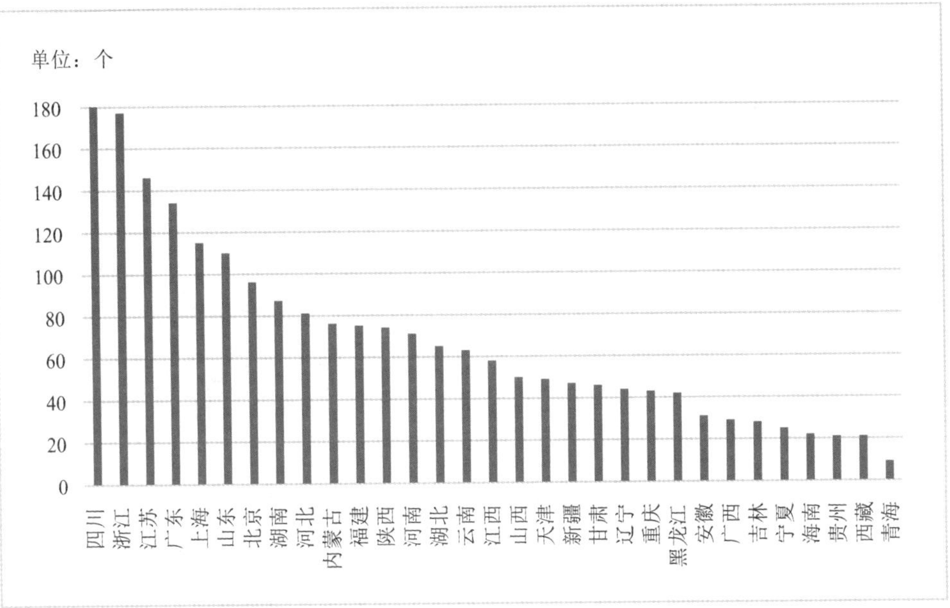

单位：个
180
160
140
120
100
80
60
40
20
0
四川
浙江
江苏
广东
上海
山东
北京
湖南
河北
内蒙古
福建
陕西
河南
湖北
云南
江西
山西
天津
新疆
甘肃
辽宁
重庆
黑龙江
安徽
广西
吉林
宁夏
海南
贵州
西藏
青海

图6-4　2022年全国31个省（自治区、直辖市）教育领域建设项目数量

单位：亿元
4.00
3.50
3.00
2.50
2.00
1.50
1.00
0.50
0.00
陕西
河南
四川
浙江
上海
北京
山东
内蒙古
江苏
广东
河北
安徽
云南
山西
湖南
江西
福建
新疆
西藏
湖北
重庆
广西
黑龙江
海南
辽宁
吉林
甘肃
宁夏
天津
贵州
青海

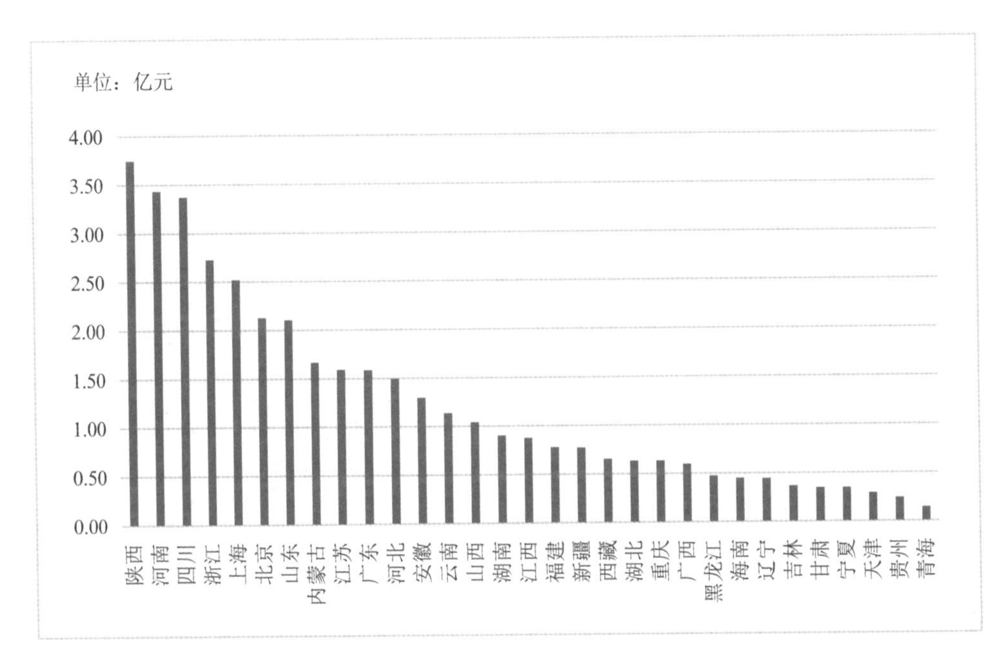

图6-5　2022年全国31个省（自治区、直辖市）教育领域建设投资金额

在交通领域，2022年全国31个省（自治区、直辖市）共有建设项目1812个，资金投入规模为40.29亿元，占2022年数字政府建设资金投入总量的4.0%。交通领域建设项目数量排名前五的地方分别为广东（159个）、浙江（158个）、江苏（125个）、四川（118个）、山东（110个），如图6-6所示；交通领域建设投资金额排名前五的地方分别为广东（5.13亿元）、河南（3.56亿元）、四川（3.38亿元）、北京（3.16亿元）、湖南（2.65亿元），如图6-7所示。

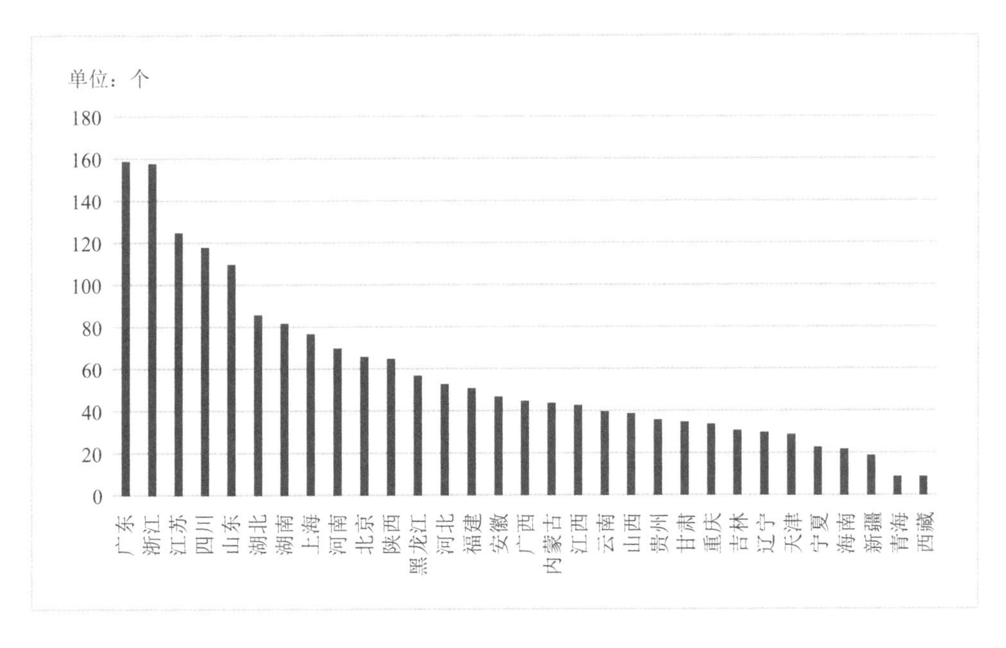

图6-6　2022年全国31个省（自治区、直辖市）交通领域建设项目数量

在卫生健康领域，2022年全国31个省（自治区、直辖市）共有建设项目1262个，资金投入规模为14亿元，占2022年数字政府建设资金投入总量的1.4%。卫生健康领域建设项目数量排名前五的地方分别为浙江（142个）、江苏（125个）、广东（120个）、上海（88个）、四川（87个），如图6-8所示；卫生健康领域建设投资金额排名前五的地方分别为广东（1.67亿元）、四川（1.32亿元）、山东（1.12亿元）、浙江（0.88亿元）、湖南（0.87亿元），如图6-9所示。

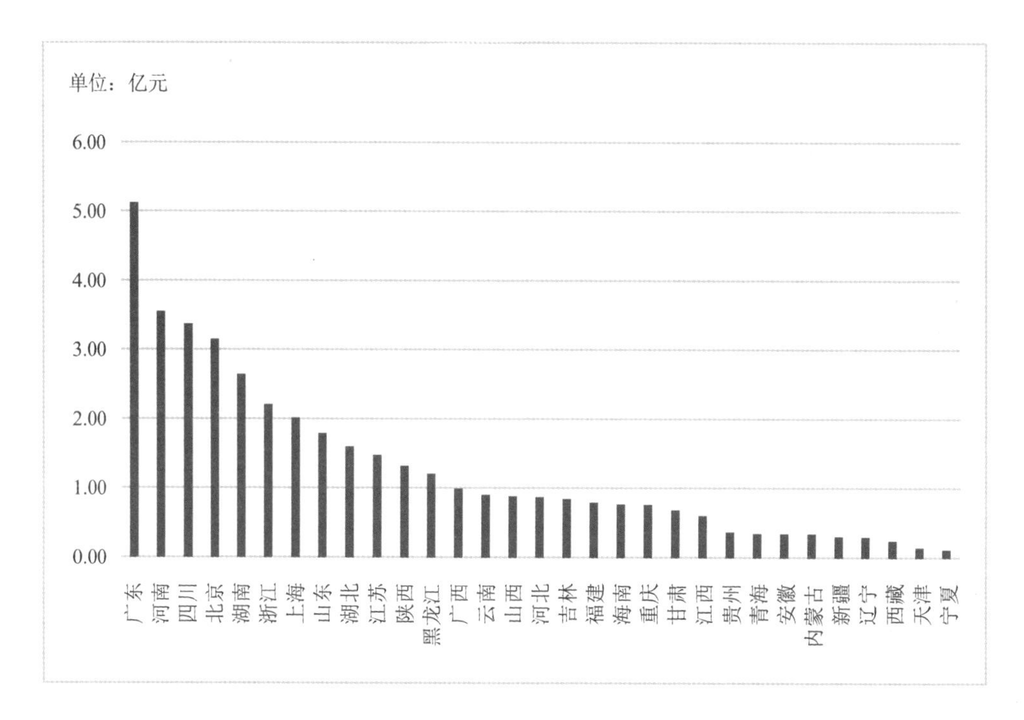

图6-7　2022年全国31个省（自治区、直辖市）交通领域建设投资金额

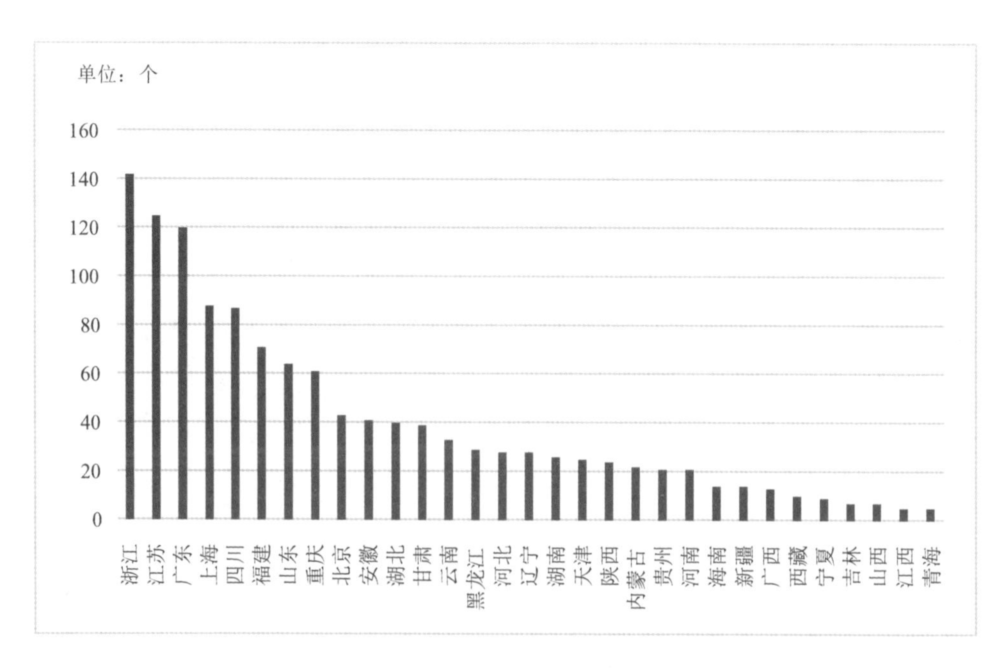

图6-8　2022年全国31个省（自治区、直辖市）卫生健康领域建设项目数量

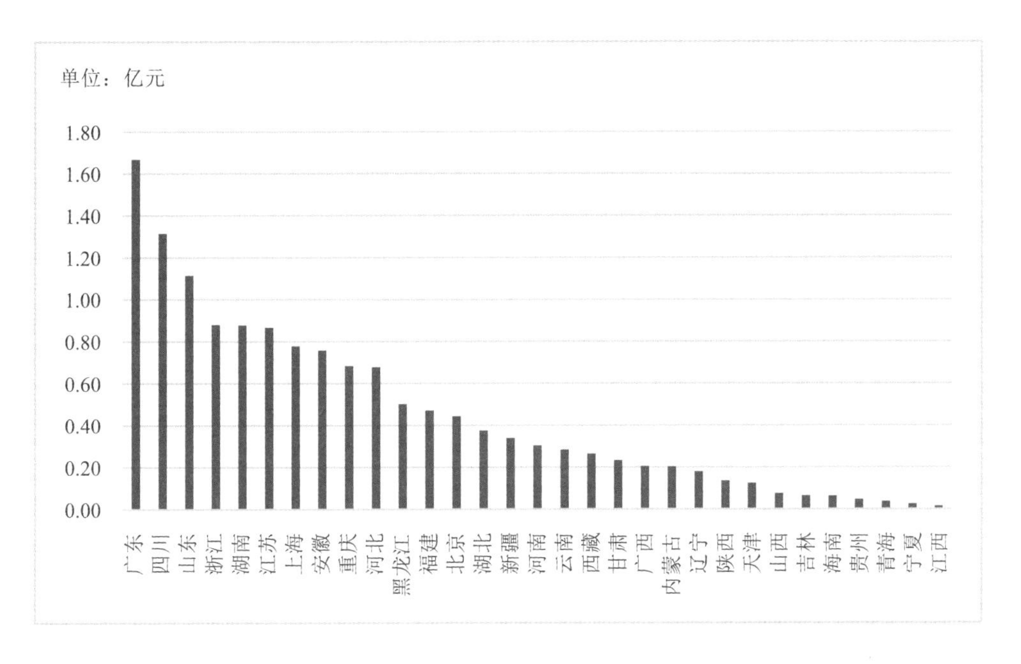

图6-9 2022年全国31个省（自治区、直辖市）卫生健康领域建设投资金额

6.3 政务数据开放共享进展显著

政务数据的有效治理和高效利用是数字政府建设的关键环节。近年来随着大数据、人工智能等新一代信息技术的快速发展，数据的价值得到各级政府的高度重视，在《全国一体化政务大数据体系建设指南》等政策的统筹部署下，政务数据资源体系建设取得显著成效。

6.3.1 机构和政策建立日趋完善

根据清华大学公共管理学院2022年底面向全国31个省（自治区、直辖市）开展的调查结果显示，目前已有30个省（自治区、直辖市）成立了政务数据主管部门或明确了相关部门的政务数据管理职责。从具体负责的部门类别上看，有专门设立政务数据管理部门的，如广东、上海等；有将政务数据管理职责纳入大数据部门的，如贵州、浙江、山东、广西等；有将政务数据管理职责纳入政务服务部门职责范畴的，如江苏、河南、河北、湖南等；也有由网信办、政府办公厅、相关领导小组等部门负责的。各地在政务数据管理部门的职责划分、机构性质、行政级别等方面存在显著差异。具体情况如表6-2所示。

表6-2 省级地方政务数据主管部门名称

地方	政务数据主管部门名称
北京	北京市经济和信息化局（北京市大数据管理局）
天津	天津市互联网信息办公室
河北	河北省政务服务管理办公室
山西	山西省行政审批服务管理局
内蒙古	内蒙古自治区大数据中心
辽宁	辽宁省营商环境建设局（省大数据管理局）
吉林	吉林省政务服务和数字化建设管理局
黑龙江	黑龙江省营商环境建设监督局
上海	上海市数据发展管理办（电子政务办）
江苏	江苏省政务服务管理办公室
浙江	浙江省大数据发展管理局
安徽	安徽省数据资源管理局
福建	福建省数字福建建设领导小组办公室
江西	江西省政务服务管理办公室
山东	山东省大数据局
河南	河南省行政审批和政务信息管理局
湖北	湖北省政务管理办公室
湖南	湖南省政务管理服务局
广东	广东省政务服务数据管理局
广西	广西壮族自治区大数据发展局
海南	海南省大数据管理局
重庆	重庆市大数据应用发展管理局
四川	四川省人民政府办公厅
贵州	贵州省大数据发展管理局
云南	无
西藏	西藏自治区大数据发展管理局

续表

地方	政务数据主管部门名称
陕西	陕西省政务大数据局
甘肃	甘肃省大数据中心
青海	青海省政府信息与政务公开办公室
宁夏	宁夏回族自治区推进“数字政府”建设领导小组办公室
新疆	新疆维吾尔自治区政务服务和公共资源交易中心

在地方法律法规建设方面，政务数据管理也得到高度重视，多个省（自治区、直辖市）结合地方实际发展情况，颁布与政务数据相关的法规、规章，推动政务数据得到有效治理。部分省市和地区已推出的与政务数据相关的法规、规章如表6-3所示。

表6-3　部分省级地方出台的政务数据治理专门性法规、规章

地方	法规、规章名称	文号	出台时间
福建	《福建省政务数据管理办法》	福建省政府令第178号	2016年10月15日
宁夏	《宁夏回族自治区政务数据资源共享管理办法》	宁夏回族自治区人民政府令第100号	2018年9月4日
上海	《上海市公共数据和一网通办管理办法》	上海市人民政府令第9号	2018年9月30日
吉林	《吉林省公共数据和一网通办管理办法（试行）》	吉政发〔2019〕4号	2019年1月4日
重庆	《重庆市政务数据资源管理暂行办法》	重庆市人民政府令第328号	2019年7月31日
辽宁	《辽宁省政务数据资源共享管理办法》	辽宁省人民政府令第330号	2019年11月26日
山西	《山西省政务数据资产管理试行办法》	山西省人民政府令第266号	2019年11月28日
	《山西省政务数据管理与应用办法》	山西省人民代表大会常务委员会公告第65号	2020年11月27日

续表

地方	法规、规章名称	文号	出台时间
山东	《山东省电子政务和政务数据管理办法》	山东省人民政府令第329号	2019年12月25日
	《山东省健康医疗大数据管理办法》	山东省人民政府令第335号	2020年8月20日
	《山东省公共数据开放办法》	山东省人民政府令第344号	2022年1月31日
浙江	《浙江省公共数据开放与安全管理暂行办法》	浙江省人民政府令第381号	2020年6月12日
	《浙江省公共数据条例》	浙江省第十三届人民代表大会第六次会议公告第3号	2022年1月21日
湖南	《湖南省政务信息资源共享管理办法》	湖南省人民政府令第301号	2020年11月28日
安徽	《安徽省政务数据资源管理办法》	安徽省人民政府令第299号	2020年12月30日
湖北	《湖北省政务数据资源应用与管理办法》	湖北省人民政府令第419号	2021年1月25日
江苏	《江苏省公共数据管理办法》	江苏省人民政府令第148号	2021年12月18日
河北	《河北省政务数据共享应用管理办法》	河北省人民政府令〔2022〕第7号	2022年11月3日
江西	《江西省公共数据管理办法》	江西省人民政府令第254号	2022年1月12日
	《江西省政务信息资源共享和开放管理办法》	赣数据共享办〔2020〕1号	2020年1月9日
天津	《天津市政务信息资源共享管理暂行办法》	未公开	2018年
	《天津市公共数据资源开放管理暂行办法》	津网信办通〔2020〕8号	2020年7月21日
贵州	《贵州省政务数据源资源管理办法》	黔府办发〔2023〕13号	2023年6月8日

6.3.2　数据目录体系建设不断加强

清华大学公共管理学院的调查显示，31个省（自治区、直辖市）和新疆生产建设兵团全部编制了政务数据目录。其中，24个地方实现了省、市、县三级政务数据目录编制全覆盖，5个地方仅覆盖了省、市两级，2个地方仅实现了省本级覆盖。初步实现政务数据全量编目的地方达到19个，占比达59.4%。24个地方还初步实现了数据目录与部门权责清单相关联，占比达75%。国家部委的数据目录编制工作也在持续推进中，在参与调查的39个国家部委中，有31个编制了政务数据目录，占比为79.5%。其中，7个部门实现了本部门和各地区相关部门的目录编制，占比为17.9%；12个部门实现了数据目录与权责清单初步关联，占比为30.8%；14个部门实现了数据全量编目，占比为35.9%。

在建立健全政务数据目录编制的工作机制和标准规范方面，25个省级地方发布了政务数据目录编制的相关政策文件和标准规范，占比达78.1%；22个国家部委发布了相关政策文件、17个部委发布了相关标准规范，占比分别为56.4%和43.6%。各地区、各部门探索实行了考核、督查、通报等多措并举，扎实推进目录编制工作。十余个地方、二十余个部门初步建立起数据源鉴别机制，合规性、安全性与可用性自查机制，以及退回纠正机制。

在政务数据目录系统的建设和维护更新方面，各省级地方均建立了目录系统，其中有16个地方采用了全省一体化建设模式，占比达50%。22个国家部委建设了政务数据目录系统，占比为56.4%，建设模式主要为本级建设。目前，23个地方能够基本实现政务数据目录的及时更新，占比为71.9%；16个地方能够初步实现“数据—系统”关联关系的及时更新，占比为50%；9个地方能够实现在国家相关平台实时同步更新目录，占比为28.1%。从国家部委的情况来看，能够基本实现政务数据目录及时更新的有17个，“数据—系统”关联关系及时更新的有15个，与国家相关平台同步更新的有9个，与省级地方相比数量偏少。

整体上看，现有政务数据目录编制工作的进展为促进政务数据体系的建设和完善提供了有力支撑，为下一步按照《全国一体化政务大数据体系建设指南》要求，按照“三定”规定全量编制政务数据目录工作的开展奠定了坚实的基础。

6.3.3 政务数据共享成效显著

近年来，各地各部门加快推进政务数据共享，不断优化共享系统和平台，积累了大量政务数据资源，持续发布共享数据接口，更新数据条目，促进各级各地政府的数据联通与共享，在政务数据共享方面取得显著成效。截至2023年6月，82个中央有关单位（按机构调整后统计）接入国家数据共享交换平台，31个省（自治区、直辖市）和新疆生产建设兵团通过省级前置区接入国家数据共享交换平台。国家数据共享交换平台已汇聚发布部门共享目录1.6万余个、上线资源2.1万余个，地方共享目录6.7万余个、上线资源4900多个。通过服务接口累计面向53个部门、31个省（自治区、直辖市）和新疆生产建设兵团提供查询/核验124.12亿次；通过前置区库表和文件批量交换方式，库表交换累计1621.94亿条，文件交换累计405.90TB。与2022年度同期相比，共享目录与上线资源稳步增加，累计共享交换次数大幅提升，政务数据共享不断深化。

国家数据共享交换平台的数据显示，2022年7月—2023年6月，最高单月提供查询/核验服务4.65亿次，累计提供服务超过44.83亿次。与2021年7月—2022年6月相比，月均查询/核验接口调用次数从3.4亿次提高到超过3.74亿次。2022年7月—2023年6月国家数据共享交换平台查询/核验接口调用情况如图6-10所示。

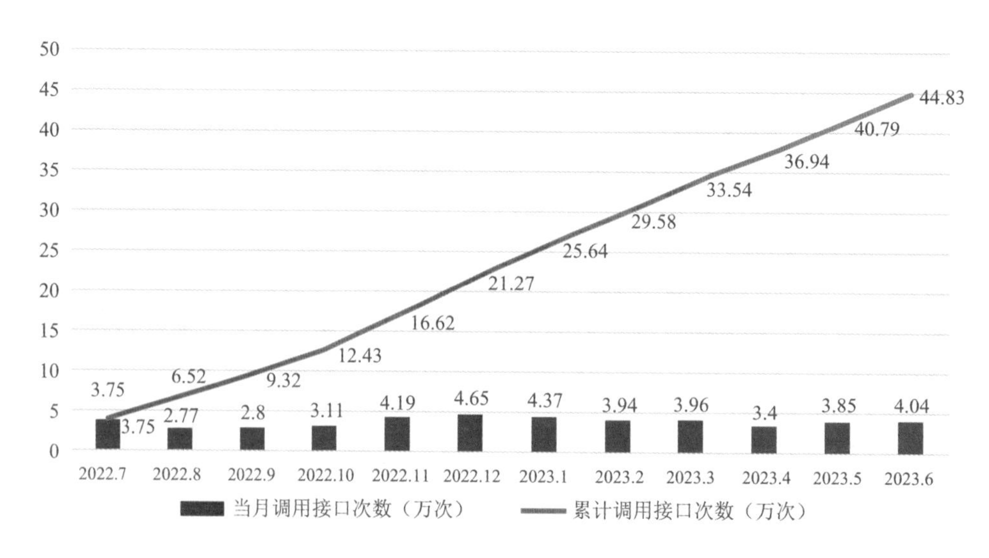

图6-10 2022年7月—2023年6月国家数据共享交换平台查询/核验接口调用情况

（数据来源：国家数据共享交换平台）

从全国范围来看，政务数据共享需求的集中度依然很高。2022年7月—2023年6月，公安部、国家市场监督管理总局（简称市场监管总局）、教育部、民政部、国家发展和改革委员会（简称国家发展改革委）、国家卫生和健康委员会（简称卫健委）、住房和城乡建设部（简称住建部）等7个部门提供的数据查询/核验服务次数总计超过43.19亿次，在国家数据共享交换平台的所有查询/核验服务中的占比超过96%。2022年7月—2023年6月各部门提供的数据查询/核验服务占比如图6-11所示。

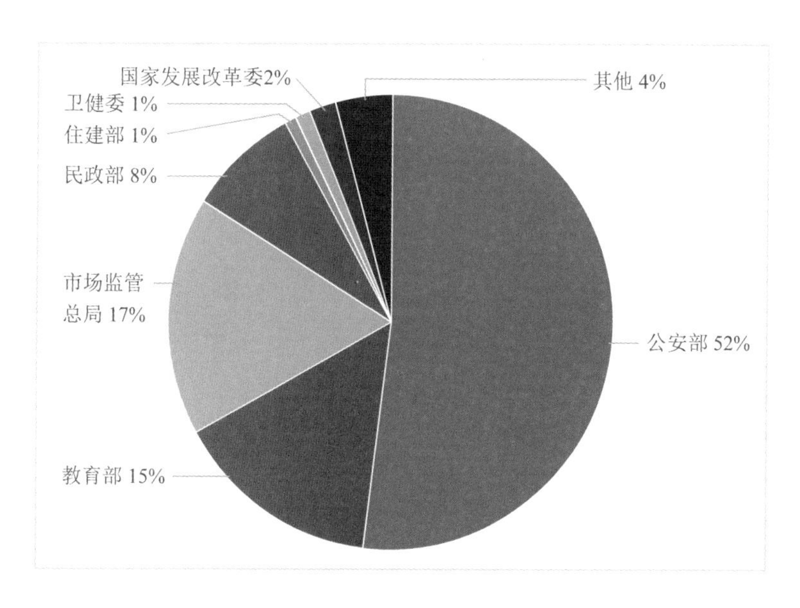

图6-11　2022年7月—2023年6月各部门提供的数据查询/核验服务占比

（数据来源：国家数据共享交换平台）

各省（自治区、直辖市）对部委数据有大量、普遍的使用需求。各地区通过国家数据共享交换平台与国务院有关部门140余个垂管系统对接，累计查询/核验数据超过2.56亿条，进一步打破“条块分割”信息孤岛，办件数据多次录入、办事主体重复登录等堵点难点问题得到解决。2022年7月—2023年6月，通过国家数据共享交换平台进行数据查询/核验的次数位居前十的地区为广西、江苏、山东、广东、浙江、黑龙江、上海、新疆、四川、辽宁，如图6-12所示。各省（自治区、直辖市）在数据共享利用方面的差距依然非常明显，广西、江苏、山东对接口的调用次数超过其他28个省（自治区、直辖市）的总和。

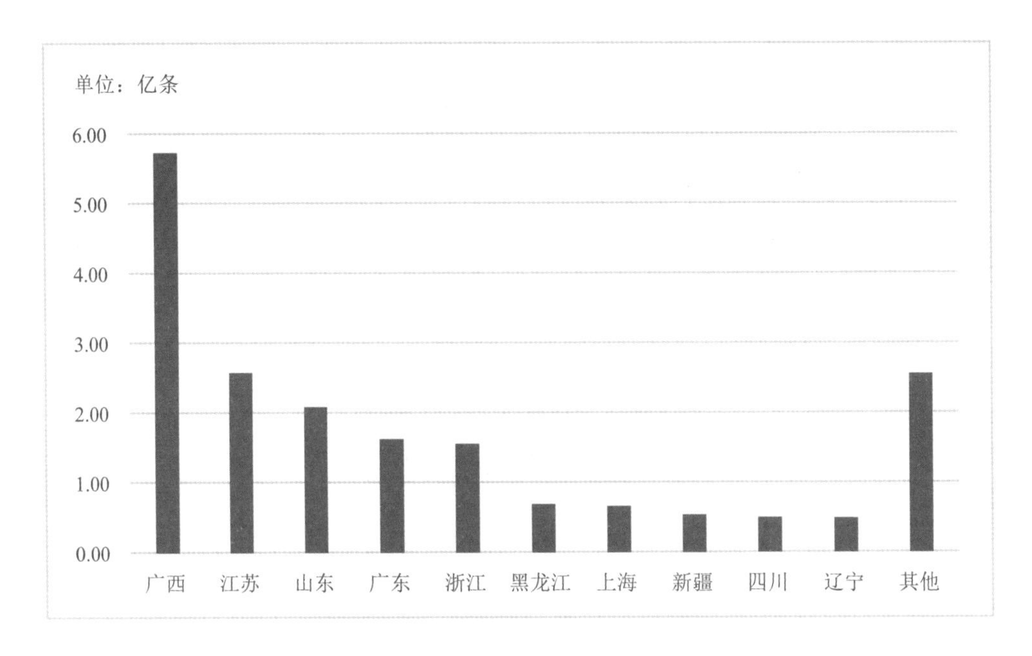

图6-12　2022年7月—2023年6月各省（自治区、直辖市）调用查询/核验接口次数对比

（数据来源：国家数据共享交换平台）

从部门之间的共享交互情况来看，2022年7月—2023年6月，国家税务总局在开展个税专项附加扣除业务时所进行的自然人基础信息查询/核验总数重回数据共享榜首，月均调用次数超9000万次。国家税务总局、中共中央宣传部、人社部、国家发展改革委、国务院办公厅等部门进行的数据接口调用次数位列前五位，如图6-13所示。

各地方共享交换体系建设也不断加快。清华大学公共管理学院的调查显示，在30个参与调查的省级地方中，17个实现了数据共享交换平台的省、市、县三级全覆盖，13个实现了省、市两级覆盖。有27个省级地方建设了实时交换系统，其中24个省级地方已能实现分钟级实时数据交换。各地也努力实现国务院垂直管理业务系统的对接，目前已有14个地方实现了数据共享交换平台与部

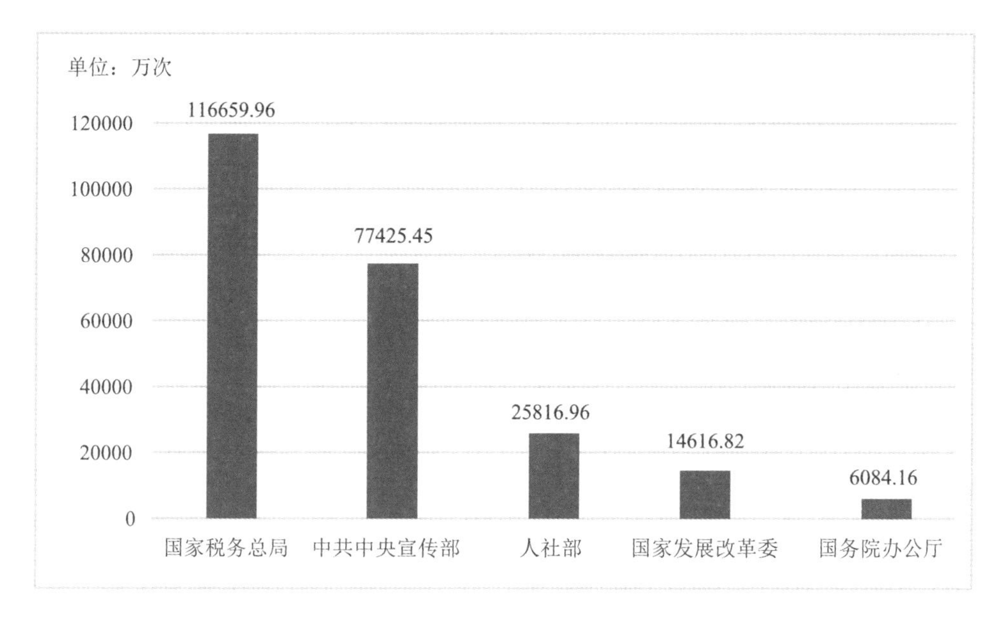

图6-13　2022年7月—2023年6月总调用次数前五名的部门数据调用情况

（数据来源：国家数据共享交换平台）

分垂管系统的联通，7个地方实现了与少数垂管系统的联通。人口、法人、地理信息、信用、证照等基础数据，以及税务数据、卫生健康数据、教育数据、自然资源数据、市场监管数据等，是各地方希望部门回流的主要数据。数据共享交换平台已能为部门间、地区间数据流通共享提供有效支撑。

6.3.4　数据开放水平持续提升

政府数据开放有利于释放数据能量，激发创新活力，推动数字经济发展，提升政府治理能力和水平。近年来，各级政府持续推动数据开放平台建设，推进政府数据开放。截至2022年10月，我国已有208个省级地方和城市的政府上线了政府数据开放平台，其中省级平台25个，副省级平台12个，地市级平台171个。与2021年下半年相比，新增15个地方平台，其中包含1个省级平台和14个城市平台，平台总数增长约8%。

2012—2022年中国地方政府数据开放平台数量变化趋势如图6-14所示，各级各地政府数据开放平台数量占比如图6-15所示。

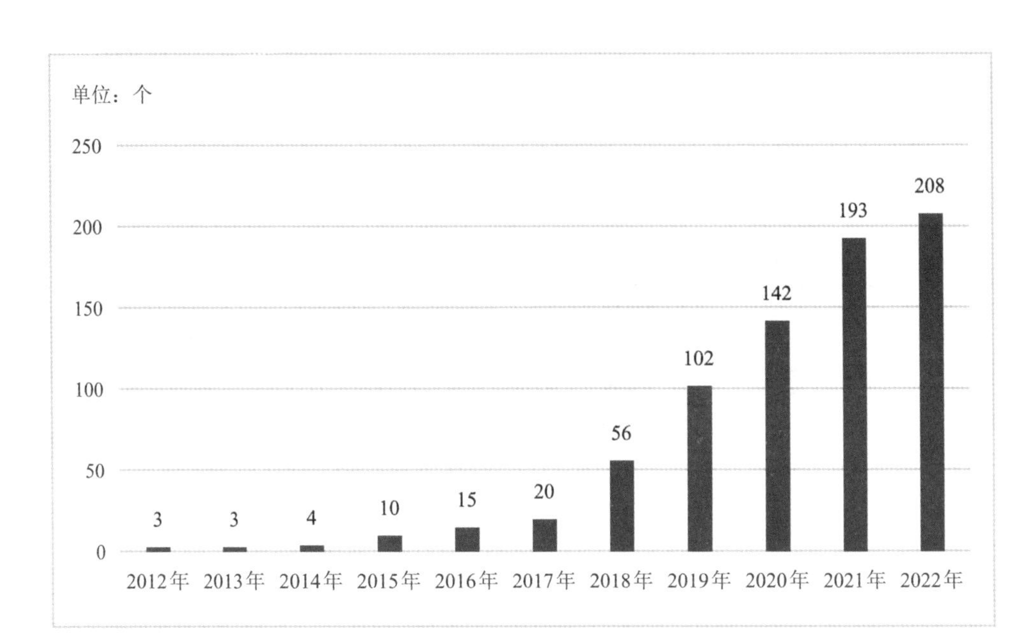

图6-14　2012—2022年中国地方政府数据开放平台数量变化趋势

（数据来源：《2022中国地方政府数据开放报告》）

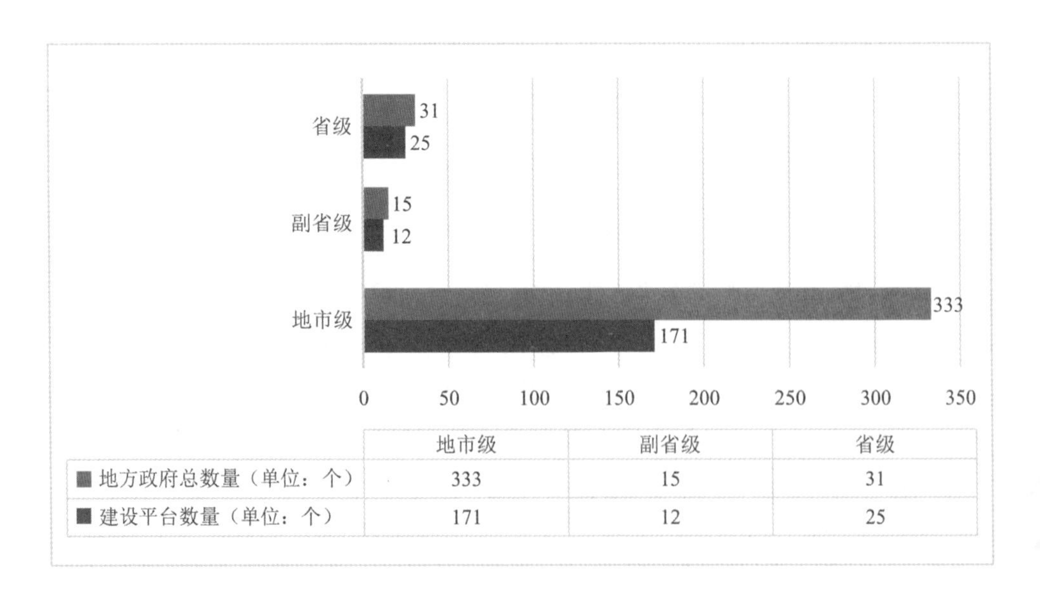

	地市级	副省级	省级
■ 地方政府总数量（单位：个）	333	15	31
■ 建设平台数量（单位：个）	171	12	25

图6-15　各级政府数据开放平台数量占比情况

（数据来源：《2022中国地方政府数据开放报告》）

6.4　数字服务和监管能力进一步提升

随着信息技术的持续发展和普遍应用，数字化转型的理念与方法已广泛渗透进各项政务工作中，通过持续优化网上服务、大力推进数字监管、扎实做好信息基础设施建设，显著提升了数字服务和监管效能，为政务履职提供了有力支撑。

6.4.1　网上服务水平显著提高

各级各地政府积极打造广泛可及、智慧便捷、公平普惠的数字化服务体系，我国的网上服务水平逐步迈入领先行列。《2022年联合国电子政务调查报告》显示，我国电子政务全球排名第43位，较前次调查上升两个位次。其中，“在线服务”指数排名持续居全球领先水平，政务服务水平逐渐从“追赶者”变为“领跑者”。中国上海在全球193个城市86项指标的综合分析排名中位列第十，城市数字化服务达到国际领先水平。

全国一体化政务服务平台服务能力持续提升，“一网通办”“跨省通办”建设持续深化。全国一体化政务服务平台联通31个省（自治区、直辖市）及新疆生产建设兵团、46个国务院部门平台，已初步实现地方部门超过550万项政策服务事项和1万多项高频应用的标准化服务，推动90.5%的省级行政许可事项实现网上受理和“最多跑一次”。截至2023年3月底，全国一体化政务服务平台实名用户超过10亿人，总使用量超过860亿人次。

全国一体化政府服务平台服务应用不断创新，企业和群众满意度和获得感不断增强。持续完善“好差评”系统，“以评促建”推动各地区各部门政务服务水平不断提升。建设完善国家政务服务平台“助企纾困服务专区”，推进更多涉企政务服务事项“全程网办”，积极探索大数据、人工智能等服务应用，为企业提供政策查询、匹配自测、服务精准推送、在线办理等160万次；上线“民生保障服务专区”，针对困难群众、老年人等特殊群体，提供临时救助申请、生育服务、社保医保等服务。实现国际液化天然气（LNG）进口环节增值税返还在线办理，完善国际贸易“单一窗口”专区，上线“办电服务”专区，助力激发经营主体活力。建设完善国家政务服务平台“一件事一次办”“跨省通办”服务专区，试点示范推动长三角地区、泛珠三角、西南地区等“跨省通办”“区域通办”，编制相关工程标准，国家平台“跨省通办”服务专区累计访问量超过200亿人次。

各地出台政务服务平台建设相关方案，积极推动政务服务数字化一体化。31个省（自治区、直辖市）和新疆生产建设兵团均建设了政务服务平台，其中30个地方已覆盖省、市、县、乡、村，网上政务服务“纵向五级贯通”的地区占比高达93.75%，政务服务“村村通”的范围不断扩大，推动了政务服务向基层、向乡村延伸。例如，北京推动审批业务全流程在线电子化办理，压减市区两级政务服务事项申请材料和办理时限分别达到74%、71%；市本级行政许可平均跑动次数压减至0.1次以下。江苏锚定企业和群众需求，推出开办企业、企业注销、不动产登记、工程建设项目审批、不动产和动产抵押登记、新生儿登记、结婚等近30个高频“一件事”，减环节、减材料、减时限达到60%以上，企业群众改革获得感显著增强。浙江依托平台梳理补贴类政策线上业务流程，对审批审核、补贴发放等环节全流程监控，实现政策直达直享和风险防控并重；以残疾人两项补贴政策为例，通过数据集中审核及时更新发放名单，累计阻止风险支付次数10.17万次。广东优化整合省中小企业诉求响应平台、产业链供应链保障专区诉求平台等，打造全省统一的“经营主体诉求响应平台”，累计为近70万户企业和个体工商户解决诉求和建议。重庆推出的“渝快码”建设全面整合各类卡码证相关信息，关联2000多个应用场景和服务，覆盖图书馆、展览馆、旅游大巴等文旅场景和医院线上预约、扫码通行等场景。

长三角地区、西南地区、泛珠三角等地区“跨省通办”“区域通办”能力持续提升。上海市、江苏省、浙江省、安徽省等长三角“三省一市”依托全国一体化政务服务平台，累计上线148项跨区域服务，全程网办超642万件，实现37类高频电子证照共享互认，电子亮证超1430万次，数据共享交换超8亿条，有效助力长三角区域一体化、高质量发展，为全国“跨省通办”积累了有益经验。北京市、天津市、河北省和雄安新区依托全国一体化政务服务平台，推动128项国家“跨省通办”事项落地，推出养老保险关系转移接续、失业保险申领等112项事项和142项高频服务实现线上全国通办，以及公积金、社保等231项事项“京津冀+雄安”四地通办，分三批发布153项京津冀自贸区“同事同标”事项，助力京津冀协同发展国家战略。广东、福建、江西等泛珠三角区域内地九省区依托政务服务平台集成各地各部门2400余项高频事项、200项高频政务服务，实现泛珠九省区“跨省通办”，56项广东政务服务在港澳地区实现“跨境通办”。四川、重庆发布三批次297项“川渝通办”事项，累计办件超过1000万件。

6.4.2　数字监管能力大幅提升

近年来，我国各级各地政府履职的数字化、现代化水平得到大幅提升。在监管领域加快建设数字化监管模式，推动“智慧监管”“精准监管”。目前，已初步实现市场监管与人社、海关、商务等多部门业务协同，减少企业负担；以数据分析应用支撑城市“一网统管”、应急处置，提升城市治理科学化、精细化和智能化水平。国家“互联网+监管”系统主体功能建设于2020年初步完成，各地区、各部门也在加快建设本地区和本部门“互联网+监管”系统，推动实现与国家监管系统互联互通，并依托系统展开执法活动。

国务院“互联网+督查”平台及小程序影响力持续扩大，进一步拓宽督查信息汇集反馈渠道，丰富督查手段，提升督查成效，有效促进企业群众反映强烈、带有普遍性、紧迫性的关键问题解决，有力推动了党中央、国务院重大决策部署的贯彻落实。2022年1月1日—2023年3月31日，国务院“互联网+督查”平台收到留言超过860万条，访问量超过8300万次，向有关地方、部门转送符合受理范围的问题线索120万余条，国务院办公厅督查室直接派员核查或在国务院督查、专项督查中组织实地核查问题线索5000余条，推动解决了经营主体和人民群众反映的大量急难愁盼问题，有力促进了党中央、国务院出台的各项惠企利民政策措施落地生效。为积极回应群众关切，主动接受群众监督，国务院“互联网+督查”平台发布“督查回声”88期，公开反馈群众留言办理情况，受到社会舆论的广泛好评，推动相关地区和部门举一反三、由点及面系统整改落实。

6.4.3　支撑保障水平明显增强

数字政府基础设施逐步完备。国家电子政务外网覆盖范围进一步扩大，全面连接31个省（自治区、直辖市）和新疆生产建设兵团，实现地市、县级全覆盖，乡镇覆盖率达到96.1%，为打造泛在可及、智慧便捷、公平普惠的数字化服务体系提供基础支撑。政务云平台集约化建设成效显著。31个省（自治区、直辖市）和新疆生产建设兵团的政务云建设基本完成，80%以上的地级市建设或应用了政务云，各级各地政府的数字政府系统和平台大范围迁移上云，数字政府领域计算资源、存储资源的集约化建设、提供格局初步形成。

数字政府安全保障要求进一步规范。近年来，《中华人民共和国网络安全法》《中华人民共和国数据安全法》《中华人民共和国个人信息保护法》《关键信息基础设施安全保护条例》等多部法律法规相继出台，《网络安全审查办法》《云计算服务安全评估办法》《数据出境安全评估办法》等政策文件陆续发布，网络安全审查、云计算服务安全评估、数据安全管理、个人信息保护等一批重要制度逐步建立，要求国家机关在开展政务工作的过程中，遵守“同步规划、同步建设、同步使用”的三同步原则，严格保障安全性，为数字政府建设构筑了安全保护的坚实屏障。

第7章

数字社会建设

数字社会是数字技术同社会转型深度融合的产物，是继农业社会、工业社会、信息社会过渡后的崭新社会形态。加快数字社会建设是满足人民群众美好生活需要的基础支撑，也是推动社会主义现代化更好更快发展的必然要求。

数字社会建设是一项系统工程，既推动生产生活方式和社会运行方式变革，也涉及社会组织方式和利益格局调整。中共中央、国务院印发《数字中国建设整体布局规划》，将“数字社会精准化普惠化便捷化取得显著成效”作为数字中国建设的目标之一，为加快数字社会建设指明方向。

2022年以来，各部门各地区坚持以习近平新时代中国特色社会主义思想为指导，围绕党中央决策部署和网络强国、数字中国建设目标，系统设计和整体推进数字社会建设，数字社会发展更加均衡包容，数字民生基本实现“民有所需，数有所为”，数字乡村发展取得阶段性成效，线上线下数字社区展现新面貌，数字生活水平迈上新台阶，数字社会治理达到新高度，数字社会的精准化普惠化便捷化取得阶段性进展。

7.1 数字民生基本实现“民有所需，数有所为”

数字化赋能民生，推动数字教育接入可及，数字医疗发展量增质优，数字社保让民生服务更温暖，数字体育呈现蓬勃发展的新态势。数字民生基本实现“民有所需，数有所为”，不断满足人民群众对美好数字生活的需要。

7.1.1 数字教育更普惠便捷

数字教育发展环境不断优化。截至2023年2月，全国义务教育学校联网率已达100%，99.5%的中小学拥有多媒体教室[1]，学校管理信息化与网络安全制度建设完成度较高，已有近85%的学校具备网络安全管理制度[2]。中国教育电视台通过电视频道讲授各年级全部课程，“电视+教育”模式加快推进数字教育发展。网络扶智工程攻坚行动持续开展，在160个国家乡村振兴重点帮扶县举办教育厅

1 怀进鹏:《数字变革与教育未来——在世界数字教育大会上的主旨演讲》，2023年2月。

2 中国教育科学研究院:《中国智慧教育蓝皮书（2022）》，2023年2月。

局长和中小学校长教育信息化专题培训班，为发展数字教育培养领军人才。[1]

数字教育资源实现开放共享。国家智慧教育公共服务平台2022年上线运行，是世界第一大教育教学资源库，拥有3个资源平台、1个服务大厅、9个专题板块和15个地方平台，汇聚中小学资源4.4万条、职业教育专业教学资源库1173个、高等教育优质慕课2.7万门、在线精品课6700余门、视频公开课2200余门、覆盖专业近600个，提供优质政务服务26项，具有遍布全国的215个示范性虚拟仿真实训基地培育项目。[2] 依托平台，全国有近55%的职业学校教师开展混合式教学，探索运用虚拟仿真、数字孪生等新兴技术创设教学场景，解决实习实训难题；中西部许多农村边远地区实施“双师课堂”，提升了教学质量和水平，例如，安徽省金寨县聚焦最偏远的教学点开展智慧课堂改造，将原有55个在线课堂主课堂及177个接收课堂融入智慧课堂，保障偏远教学点优先享受智慧教育。2022年7月，“国开终身教育APP”上线，目前平台已上线63万个课程资源，包括第三方知名平台57万个课程资源，国开自有版权音视频课程6万个，面向3351所院校和教育机构征集的7705门课程（包含79993个音视频）。[3]上线一年来，终身教育平台为学习者提供2600万多人次的学习服务；举办近30场专题活动，参与用户超500万人次；用户累计学习时长超15000小时；学习资源合作院校/机构达到1000家。2022年7月，中央网信办、中央党校（国家行政学院）指导的“全民数字素养与技能提升平台”上线，推动有关科研院所、行业企业、社会组织等通过平台向社会开放共享数字教育资源。教育资源数字化不断扩大优质教育资源的覆盖面，推动教育均衡发展，促进教育公平，率先开启了迈向智慧教育之路，数字教育资源供给水平不断加强。

7.1.2 数字医疗发展量增质优

数字医疗发展规模稳步增长。国家卫生健康委积极完善省、市、县、乡、村五级远程医疗服务网络，县级远程医疗覆盖率达到90%以上。截至2023年6月，我国互联网医疗用户规模达3.64亿人，较2022年12月增长162万人，占网

1 农业农村部信息中心：《中国数字乡村发展报告（2022年）》，2023年2月。

2 怀进鹏：《数字变革与教育未来——在世界数字教育大会上的主旨演讲》，2023年2月。

3 “国家开放大学终身教育平台上线一周年：数字化赋能全民终身学习”，https://www.ouchn.edu.cn/News/zbxw/93ceabd8a07f41f284012e7d168fa4ca.htm，访问时间：2023年6月。

民整体的33.8%，如图7-1所示。[1] 数字医疗行业处于高速发展期。2022年我国数字医疗市场用户渗透率从38%提升至70%，预计2023年数字医疗市场规模将进一步增长至436亿元，未来五年数字医疗行业将呈现指数级增长趋势；尤其是互联网企业不断加码医疗赛道，深耕互联网诊疗与药品零售等优势领域，探索线上线下深度融合的经营模式，以实体医疗为基础，在医疗电商和在线医疗咨询等领域开展重点布局。[2] 例如，2022年9月，京东健康与欧姆龙健康医疗达成战略合作，双方宣布将在服务模式创新和数智化营销等多领域展开深入合作。[3]

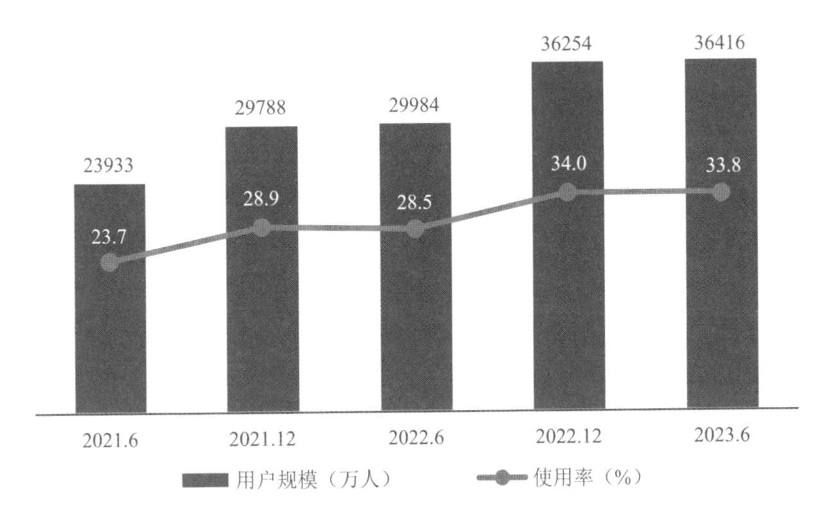

图7-1 2021年6月—2023年6月互联网医疗用户规模及使用率

（数据来源：《第52次中国互联网络发展状况统计报告》）

数字医疗先进性和规范化水平持续提升。2022年以来，物联网、人工智能、大数据等先进技术在医疗健康领域的应用进入深水区，远程会诊、互联网医院、智慧医疗等新模式、新业态发展进入爆发期。数字医疗领域专利申请量快速增长。近五年在全球超过50个国家和地区共申请了15.4万件数字医疗领域相关专利，其中专利申请数量最多的3个国家分别是中国、美国和韩国，专利

1 中国互联网络信息中心：《第52次中国互联网络发展状况统计报告》，2023年8月。

2 中研普华产业研究院：《2022—2026年中国数字医疗行业竞争格局及发展趋势预测报告》，2022年3月。

3 “京东集团2022年度第三季度业绩报告”，https://ir.jd.com/system/files-encrypted/nasdaq_kms/assets/2022/11/18/18-19-23/JD.com%20Announces%20Third%20Quarter%202022%20Results.pdf，访问时间：2022年11月。

申请数量分别是6.6万件、2.9万件和1万件。[1] 我国数字医疗技术创新非常活跃。全球数字医疗领域专利申请量排名前十的企业中，3家企业来自中国，2家企业来自日本，其他5家分别来自瑞士、美国、德国、荷兰和韩国。同时，政策引导数字医疗行业规范化发展，互联网诊疗和互联网药品监管框架日趋完善。2022年9月，国家药品监督管理局发布《药品网络销售监督管理办法》，对药品网络销售管理、平台责任履行、监督检查措施及法律责任等做出了规定，不断提升药品网络销售治理水平。

7.1.3 数字社保与就业让人民生活更有保障

我国社会保障数字化水平不断提高，应用场景持续拓展。2023年6月，人力资源社会保障部印发《数字人社建设行动实施方案》，全面推行人社数字化改革，优化数字社保、就业和人力资源服务，实现一体化办理、精准化服务、智能化监管、科学化决策、生态化发展，引领和支撑人社事业高质量发展。2022年，全国已有31个省（自治区、直辖市）支持通过微信支付缴纳社保，年缴费超过8.8亿笔，较2021年增长超过16%。[2] 27个省（自治区、直辖市）社保办理提供便捷高效的微信小程序渠道。除社保缴费服务以外，用户还可通过微信城市服务申领电子社保卡、使用医保凭证、挂号看病、打印社保凭证全流程服务。截至2023年5月，全国电子社保卡领用人数达7.15亿，特别是在农村地区实现快速推广应用，为农村居民提供了参保登记、社保缴费及查询、待遇认证及领取等多项便民服务，目前全国31个省（自治区、直辖市）均可通过社保卡发放涉农财政补贴资金。[3]

数字社保提升弱势群体幸福感。依托全国养老服务信息系统，对农村留守老人信息进行统一管理和精准服务。防止返贫监测信息系统不断完善，监测的及时性、精准性持续提高，2022年以来，中西部省份新识别监测对象68.11万人，其中98.5%已落实帮扶，5208人已消除返贫风险。[4] 依托“全国儿童福利管理信息系统”建立农村留守儿童、孤儿和事实无人抚养儿童、艾滋病病毒感

1 智慧芽：《2022年数字医疗领域技术创新指数分析报告》，2022年12月。

2 中国互联网络信息中心：《第51次中国互联网络发展状况统计报告》，2023年3月。

3 国家互联网信息办公室：《数字中国发展报告（2022年）》，2023年4月。

4 农业农村部信息中心：《中国数字乡村发展报告（2022年）》，2023年2月。

染儿童、农村留守妇女等信息台账，做到线上线下保持一致并建立长效帮扶救助机制，为未成年人的成长保驾护航。

数字技术创造就业岗位。数字技术的发展，催生了内容创作、互联网广告代理、直播电商等多种就业方式。用人单位在直播间与求职者互动的“直播带岗”招聘新模式快速兴起，求职招聘从“面对面”转变为“屏对屏”，直播带岗也成为各地促就业的新机制，通过短视频、直播等方式求职的劳动者数量正不断增长。2022年，仅蓝领群体使用短视频直播招聘获得工作的比例增幅就达12.4%。[1]

7.1.4　数字体育呈现蓬勃发展态势

数字体育发展态势迅猛。截至2022年12月，我国线上健身用户规模达3.80亿，占网民整体的35.6%，其中使用移动应用参与健身的用户比例为18.9%，使用智能设备健身的用户比例17.4%，参与在线跟练的用户比例为14.6%，如图7-2所示。线上健身的网民中，较低频次（每月1—3次）健身的用户比例为40.0%，中频次（每周1—3次）健身的用户比例为41.2%，高频次（每周4次以上）健身的用户比例为18.8%。[2]

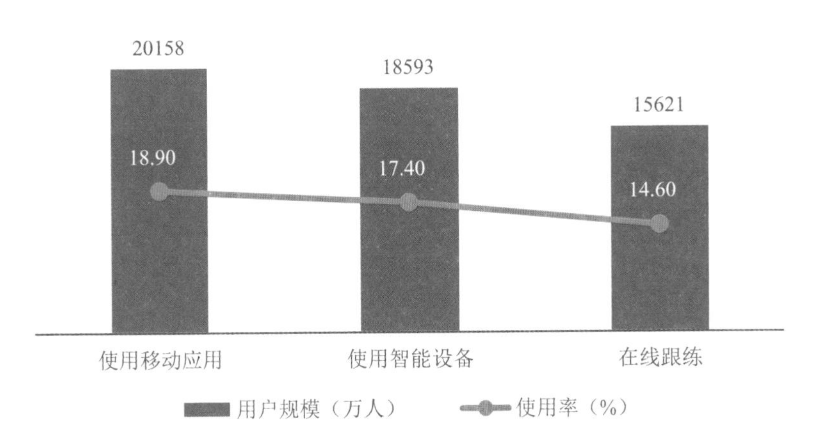

图7-2　2022年12月使用各类方式线上健身用户规模及使用率

（数据来源：《第51次中国互联网络发展状况统计报告》）

1　中国新就业形态研究中心：《中国蓝领群体就业研究报告（2022）》，2022年12月。

2　中国互联网络信息中心：《第51次中国互联网络发展状况统计报告》，2023年3月。

数字体育新业态不断涌现。线上健身已成为拉动全民健身的重要渠道之一，线上健身用户规模增长迅速，逐渐形成了多种线上健身运动方式。由国家体育总局发起的“全民健身线上运动会”得到各大互联网平台积极响应，截至2022年7月，直接参赛人数突破千万，2023年全民健身线上运动会开赛“满月”，直接参赛的人数突破230万，各赛事的完赛证书发放量超170万张。此外，以在线直播跟练为代表的线上健身活动吸引了大量网民参与，一些明星“线上健身教练”的粉丝数量达到数千万，直播时在线观看人数达到数百万。

7.2 数字乡村建设取得阶段性成效

随着数字技术、数字人才加速“下乡”，乡村振兴的数字底座不断夯实，数字技术催生智慧农业快速发展，乡村数字新业态新模式不断涌现，我国数字乡村发展取得阶段性成效，助力乡村振兴全面提速。

7.2.1 顶层设计进一步完善

近年来，中央网信办会同有关部门认真贯彻落实党中央决策部署，深入实施数字乡村发展行动，制定出台一些政策文件。2022年8月，中央网信办、农业农村部、工业和信息化部、市场监管总局会同有关部门制定了《数字乡村标准体系建设指南》，提出了标准体系参考框架，加快数字乡村标准化建设步伐。2023年4月，中央网信办、农业农村部、国家发展改革委、工业和信息化部、国家乡村振兴局联合印发《2023年数字乡村发展工作要点》，从夯实乡村数字化发展基础、强化粮食安全数字化保障、提升网络帮扶成色成效等10个方面部署了26项重点任务。

7.2.2 乡村振兴的数字底座不断夯实

农村网络基础设施实现全覆盖，互联网普及率量质齐升。截至2022年底，全国行政村通宽带比例达到100%，通光纤、通4G比例均超过99%，基本实现农村城市“同网同速”。5G加速向农村延伸，实现“县县通5G”。截至2022年8月，全国已累计建成并开通5G基站196.8万个，5G网络覆盖所有地级市城区、县城城区和96%的乡镇镇区。截至2022年底，全国农村宽带用户总数达1.76亿户，全年净增1862万户，比2021年增长11.8%，增速较城市宽带用户高出2.5个百分点[1]，农村网民规模达3.08亿，占网民整体的28.9%，相比2021年12月规模增加0.24亿，占网民整体比例提高1.3个百分点，其中在线教育和互联网医疗用户分别占农村网民整体的31.8%和21.5%，较2021年分别增长2.7和4.1个百分点。农村地区信息沟通及视频娱乐类应用普及率与城市网民基本持平，农村网民群体短视频使用率已超过城镇网民0.3个百分点，即时通信使用率与城镇网民差距仅为2.5个百分点。[2] 截至2023年6月，农村地区互联网普及率为60.5%。[3]

农村公路、水利、电网、农产品产地冷链物流基础设施的数字化改造持续推进，信息服务质量不断提升。农村公路以"智慧管养"为目标，各地区加速实现农村公路"一张网呈现、一朵云承载、一套库共享、一平台监管"功能，逐步建成农村公路"一路一档、一桥一档"信息化综合管养数字化平台。四川省隆昌市建成交通运输综合调度指挥平台，基本实现全市公交、普货等运输工具和公路、桥梁、隧道等重点基建的数据接入及视频监控。农村水利、电网数字化水平不断提升，逐步建成水质在线监测系统、水厂信息化管控、管网监测系统和科学调度指挥、电厂信息化管控、电网监测系统和科学调度指挥等平台，建立了智能收费系统。陕西省商洛市柞水县建成水利信息化管控中心，实现水质在线监测、水厂智能管控等。农产品产业链数字化转型加快，截至2022年底，农产品仓储保鲜冷链物流建设工程共支持建设约6.9万个设施、新增库容1800万吨以上。[4] 浙江省慈溪市推进"共享冷库"数字化应用，通过"冷链设施一张图"动态展现冷链设施情况，冷库综合利用率提升15%。同时，益农信息加速进村入户，截至2022年底，全国共建成运营益农信息社46.7万个，为农民和新型农业经营主体提供公益信息服务3.63亿人次，开展便民信息服务6.86亿人次。

---

1 "2022年通信业统计公报"，https://www.miit.gov.cn/gxsj/tjfx/txy/art/2023/art_77b586a554e64763ab2c2888dcf0b9e3.html，访问时间：2023年1月。

2 中国互联网络信息中心：《第51次中国互联网络发展状况统计报告》，2023年3月。

3 中国互联网络信息中心：《第52次中国互联网络发展状况统计报告》，2023年8月。

4 农业农村部信息中心：《中国数字乡村发展报告（2022年）》，2023年2月。

7.2.3 农业智能化水平不断提升

数字技术与农机农艺融合应用成效明显。农业农村部继续实施数字农业建设项目，支持建设8个国家数字农业创新中心、分中心以及41个国家数字农业创新应用基地。2022年农业农村部监测数据显示，全国农业生产信息化率为25.4%，同比增长2.9个百分点。植保无人机保有量达16万架，超过60万台拖拉机、联合收割机配置了基于北斗定位的作业监测和智能控制终端，无人或少人农场在安徽芜湖、北大荒建三江等地落地见效。智能农机、自动化育秧等数字技术与农业生产融合应用日益普及，数字田园、智慧农（牧、渔）场等数字化应用场景不断拓展，为农业全产业链发展提供支撑。数据显示，智能农机具备连续工作、全时作业能力，作业效率提升20%至60%。[1] 农业农村大数据平台建设稳步推进，全国粮食生产功能区和重要农产品生产保护区电子地图构建完成。国家农业遥感应用与研究中心围绕国内外重要农产品长势、土壤墒情、作物产量等持续开展遥感监测，不断产出高质量的监测报告。

“智慧种植”实现从农田到餐桌全产业链的智慧化。截至2022年底，全国大田种植信息化率已超过21.8%。其中，小麦、稻谷、玉米三大粮食作物的生产信息化率分别超过39.6%、37.7%和26.9%。[2] 例如，徐州市铜山区单集镇小麦地里，智能测产收获机一边收割一边测产，田埂大屏实时生成该田块的小麦产量空间分布图，为下一季的种植提供了一张“数字明白图”。“麦情巡检机器人”搭载着多光谱、深度相机、激光雷达、可见光等多个传感器来回移动，不仅能24小时智能巡检，还能精确感知田块环境与作物长势。

林业、畜牧业、渔业的数字化转型加速。各地加速构建林业“天空地”一体化感知应用体系，建立天上看、地上巡、网上查资源监管新模式，实现林业数据纵横贯通的新格局。在渔业养殖业，水培环境实时监测、自动增氧、饲料自动精准投喂、病害监测预警、循环水处理控制等技术装备加速升级，实现健康养殖和节能降耗。通过精准系统的植入，饲料的浪费减少了30%—40%，投

1 “我国发布首个智能农机技术路线图 到‘十四五’末形成一批商业化无人农场”，https://m.gmw.cn/baijia/2022-05/18/1302952764.html，访问时间：2023年6月。

2 农业农村部信息中心：《中国数字乡村发展报告（2022年）》，2023年2月。

喂准确率由原来的60%提高到了90%—95%。在奶牛、蛋鸡、生猪等养殖业，养殖环境精准调控与智能管理，精准饲喂，智能捡蛋、养殖环境智能巡检消毒、废弃物自动处理、畜禽远程智能诊断等技术装备数字化改造加速。例如，“智慧牧场”系统已走入乌鲁木齐、昌吉、伊犁、阿勒泰等地越来越多的牧民家，每头牲畜都戴上北斗卫星导航项圈，有电子身份证，管理者只需用手机下载“智慧牧场”应用系统，便可远程查看和操作，实现智能放牧，并且为产品质量安全溯源提供重要依据。

7.2.4 乡村数字新业态新模式不断涌现

直播成农产品“新集市”。以助农直播为主的新服务业态正在不断壮大，涌现出一批各具特色的“农产品带货之城”，不仅加速农产品流通、带动农民致富，也丰富了农产品供给。同时，借助“短视频+直播”等形式，从提升消费力向提升农业生产力延伸，通过数字赋能农业、农村和农民，推动农业高质量发展。《2022年中国农民丰收节快手农产品消费趋势报告》全景呈现农产品新消费趋势，越来越多中低线城市在直播的带动下强力出圈，让更多物美价廉的农产品直接链接城市乡村的家家户户。

农村电商保持良好发展势头。农业农村部持续推动“互联网+”农产品出村进城工程，商务部深入实施“数商兴农”，2022年全国农村网络零售额达2.17万亿元，同比增长3.6%，农产品网络零售额达5313.8亿元，同比增长9.2%，增速较2021年提升6.4个百分点。[1] 2022年9月，“中国农民丰收节金秋消费季”活动在北京启动，其间相关电商平台销售农产品合计超过507亿元。农民电商知识与营销策略不断提升。2022年12月，农业农村电子商务专题培训班在“云上智农”网络平台成功举办，聚焦智慧农业推动农业农村现代化、电商升级推动“互联网+”农产品出村进城高质量发展、农村金融服务、电子商务法、农业品牌建设与乡村产业发展、电商直播间数据增量打造、融媒体与内容电商发展应用等主题，不断助力农村电商发展，促进农产品上线。

1 “商务部电子商务司负责人介绍2022年网络零售市场发展情况”，http://www.mofcom.gov.cn/article/xwfb/xwsjfzr/202301/20230103380919.shtml，访问时间：2023年6月。

7.3 全民数字生活水平迈上新台阶

数字技术为培养全民数字素养和数字技能创造新机遇，数字生活的服务场景不断丰富，尤其给数字弱势群体创造更多融入数字社会的机会，全民数字生活的幸福感获得感普遍提升。

7.3.1 智慧社区展现新面貌

智慧社区建设提速增效。2022年5月，民政部等九部门联合印发《关于深入推进智慧社区建设的意见》，明确提出了“集约建设智慧社区平台”“构筑社区数字生活新图景”“建设便民惠民智慧生活服务圈”“打造多端互联、多方互动、智慧共享的数字社区生活”等重点任务。2022年以来，城市智慧社区基础设施建设步伐加快，社区综合管理一体化平台无缝链接到每个居民，无人物流配送进社区，推动社区购物消费、居家生活、公共文化生活、休闲娱乐、交通出行等各类生活场景数字化。

智慧社区的功能服务体系更加完善。购物消费、惠民缴费、居家生活、交通出行、商家宣传推广等各类数字场景加速扩展，就业、健康、卫生、医疗、救助、养老、助残、托育、未成年人保护等服务“指尖办”“网上办”“就近办”等功能极大提高了居民办事的便捷度。网上团购、数字化的社区小店正成为社区经济的“新基建”。社区生活服务更精准、更便捷、更丰富。

7.3.2 全民数字素养与技能提升行动深入实施

普通公民数字素养与技能逐步提升。2022年7—8月，中央网信办等14个部门联合主办“2022年全民数字素养与技能提升月”，在全国策划开展各类主题活动2.6万场，直接参与人次超过2000万，覆盖人数4亿以上，开放各类数字资源22.2万个，宣传报道稿件超过4.1万篇，网上浏览量近12.6亿次，有效调动了社会各界群策群力的积极性，有力推动了全民数字素养与技能提升。2022年7月，全民数字素养与技能提升平台正式上线。2023年4月，“2023年全民数字素养与技能提升月”再次启动。校园环境中的师生数字素养培育活动持续加力推进，近八成中小学生的数字素养达到合格及以上水平，中小学教师的数字素养全面提升，超过86%的教师的数字素养达到合格及以上水平。覆盖城乡的数字素养与技能培育体系初步建成，各职业群体的数字素养和技能快速提高。例如，上海市全民数字素养与技能提升月系列活动覆盖全市16个区215个街镇、63所高校，总计开展各类活动1381场，线上线下覆盖人数达696.9万人次。[1] 据农业农村部数据，各地区持续开展农民手机应用技能培训，举办农民手机培训周活动，完善线上培训平台和线下培训体系，不断丰富培训内容，7年累计培训受众超过1.85亿人次。

残疾人和老年人数字素养与技能稳步提升。在全民数字素养与技能提升月活动中，各地多措并举帮助残疾人和老年人跨越"数字鸿沟"。信息交流无障碍环境建设顶层设计不断完善，配合开展互联网应用无障碍改造专项行动，各级残联深入开展"残疾人数字化职业能力提升行动"，推进互联网应用无障碍改造，深入实施数字公益行动，助力残疾人共享数字化发展成果。根据中国残联实名制数据统计，当前通过网络实现就业的残疾人主要集中在信息技术和软件服务、电商服务等行业，每年实现就业约6.8万人次，在各电商平台实现网络创业的残疾人已超过20万人。得益于数字素养和技能的提升，残疾人就业实现了质与量的稳步提升。"数字反哺"让老年人在网上畅快"冲浪"。例如，上海市静安区通过《静安区老年人跨越"数字鸿沟"标准指南》，精准锚定老年人数字学习痛点，不断提升老年人数字素养和技能。

7.3.3 数字公共服务适老化与无障碍水平加快提升

公共服务网站无障碍普及率不断提升。2023年6月通过的《中华人民共和国无障碍环境建设法》指出，利用财政资金建立的互联网网站、服务平台、移动互联网应用程序，应当逐步符合无障碍网站设计标准和国家信息无障碍标准。移动互联网企业高度重视APP的无障碍改造工作，近百款APP推出了大字体、大图标、高对比度、功能界面简洁的长辈模式。老年人、残疾人通过网站社交、购物、获取信息的需求得到基本保障。2022年12月，中国消费者协会对104款常用APP评测结果显示，76%的APP符合适老化改造的基本要求，76.2%的调查对象对APP适老化的现状整体持满意态度。[2]

---

1 "2022年上海市全民数字素养与技能提升月闭幕"，https://www.shyp.gov.cn/shypq/jntsy-bmdt/20220822/413567.html，访问时间：2023年6月。

2 中国消费者协会：《适老化APP消费监督评测项目研究报告》，2022年12月。

“智慧助老”行动持续开展。帮助老人跨越“数字鸿沟”，让老年人共享数字红利。截至2022年底，中国老龄事业发展基金会已在20个城市开展“科技助老”行动。2023年4月，交通运输部印发《2023年持续提升适老化无障碍交通出行服务工作方案》，明确要求扩大出租汽车电召和网约车“一键叫车”服务覆盖面，开展城市轨道交通“爱心预约”乘车服务，通过微信公众号、小程序等渠道为老年人、残疾人等乘客提供预约服务。2023年4月，中国老龄事业发展基金会“乐龄畅行”公益计划首个站点在北京延庆阪泉体育公园开通，通过科技赋能传统景区快速适老化升级，打造适应老人出行的无障碍智慧景区。

7.4　数字社会治理能力持续提升

2022年以来，我国数字社会治理新格局基本形成，国家层面的数字社会治理体系不断完善，乡村的数字化治理效能持续提升，数字社区治理驶入“快车道”，全社会的数字化、数智化和数治化加速升级，为推进国家治理体系和治理能力现代化筑牢根基。

7.4.1　数字社会治理体系不断完善

数字社会治理的制度基础不断强化。2022年以来，我国发布了一系列法律法规和政策性文件，在国家层面构建了数字社会治理的制度体系，大数据治理、算法治理和平台监管制度不断强化，推动数字治理向纵深发展。例如，2023年2月，中共中央、国务院印发的《数字中国建设整体布局规划》，指出推进数字社会治理精准化，深入实施数字乡村发展行动，以数字化赋能乡村产业发展、乡村建设和乡村治理。同时，各部门各地方不断增加高质量政策、法律和法规的供给，确立数字社会治理关键环节的基本制度规范，形成一揽子制度性解决方案，制定具体细化落实方案，切实推进制度落地见效，形成制度创新合力，从制度层面为数字社会建设提供更为有力的保障和支撑。

数字社会治理的基础设施快速升级。一体化智能化社会治安防控体系、一体化智慧化公共安全体系、平战结合的应急信息化体系正在全国范围内逐步形成。以物联网、大数据、人工智能、区块链等为代表的数字技术加速赋能数字社会治理，数字社会治理的基础环境快速优化升级。例如，2022年以来，全国已有20多个省份开发应用了智能移动调解系统，共汇聚人民调解案件数据信息近2000万条，为居民提供智能咨询、在线申请、在线调解等线上解纷服务；杭州市运用人工智能技术构建数字赋能城市治理的“城市大脑”，全力打造“数字治理第一城”，构建数据汇聚融合、智能计算、决策分析的全面感知型城市智能基础设施，实现城市治理精细化。

7.4.2　乡村治理数字化水平持续提升

党建引领乡村治理数字化。各地加快以党建引领数字乡村治理，实现“党建+基层治理+数字”三叠加，以党员队伍为先锋，同时充分发挥数字平台优势，进行党组织信息、党支部活动等常态化展示，为农村党员提供学习、互动的数字化平台，推动农村党员教育管理与日常工作深度融合，乡村治理数字化转型加速优化升级。例如，在山西省大同市浑源县蔡村镇蔡村党群服务中心，党建引领板块着力打通“三晋先锋”平台，开发了乡村基层党组织特色应用，内容包括新时代文明实践站、微心愿等，采用“线上+线下”相结合的形式，常态化对党员，尤其对流动党员开展政治思想教育。

加快构建乡村“智治一张网”。各地积极推进乡村治理数字化建设和数据资源开放共享，实行行政村（社区）和网格数据综合采集，一次采集，多方利用，不断探索将网格中的“人网”与大数据编成的“云网”相结合，加快建设乡村综合“智治一张网”。浙江省德清县全域推广“数字乡村一张图”，打造建在“云”上的“孪生乡村”，覆盖遥感监测、村情民意、慢病管理、健康码等22个重点场景，实现乡村生产生活生态全面感知、整体“智治”。数字化平台打破时空限制，方便外出务工的村民、行动不便的村民等全体村民及时知晓村里开展的各项工作，并进行意见反馈和监督，也方便了外部资金、技术、市场对接村内资源。例如，内蒙古自治区乌兰察布市卓资县十八台镇黄旗滩村积极使用由农业农村部指导的“为村耕耘者”和“村级事务管理平台”，借助互联网工具完善乡村治理工作。辽宁省沈阳市辽中区依托农村集体经济“三资”监管网络平台，实现对“三资”的全流程监管。平台建成以来，已覆盖186个行政村（社区）、226个村级核算单位、224个股份经济合作社，共收录资金信息324454条，录入资产总额51541.43万元。同时，各地深入推进各类乡村数字治理专项行动，重点打击涉及村镇银行、“三农”信贷以及P2P网贷平台、非法网络支付等互联网金融犯罪。此外，乡村数字治理不断赋能对留守儿童等弱势群体的管理工作。截至2022年底，依托儿童福利管理信息系统，在全国范围内摸清农村地区关爱服务对象底数，共采集75.5万名留守儿童信息。[1]

公共法律与社会救助线上服务加快普及。行政村、社区普遍设立法律援助联络站点，推行网上申请法律援助、视频法律咨询等远程服务方式，提升“智慧法援”服务能力。“互联网+村（居）法律顾问”工作持续推进，全国近53万个行政村实现了法律顾问全覆盖，乡村法律顾问、基层法律服务工作者在线为农村群众和村“两委”提供法律咨询、法律援助、法制宣传、法律顾问等服务。例如，山东淄博打造的智慧法庭平台延伸到重点村居，开通了自助办理联系法官、法律咨询、网上立案、在线调解、巡回审判等业务，村民有了纠纷会首先找智慧法庭平台解决。

7.4.3 智慧社区的治理驶入“快车道”

智慧社区的治理模式不断创新。智慧社区利用“大数据+网格化”的治理模式，将社区“网格”内相互链接的信息和资源进行高效汇聚、整合优化和动态分发，实时收集“网格”内的群众诉求和突发事件等信息，监测“网格”内的动态资源，为群众提供精准的个性化社会治理服务。数字技术不断赋能社区治理“最后一公里”，社区治理更加精细化，服务场景更加完善，居民积极参与社区治理，治理形态不断重塑，治理模式不断创新。例如，上海市青浦区创新推出了以线下“社区中心”为实体阵地，以线上“幸福云”系统为信息枢纽的基层治理数字化转型路径，进一步推进城市治理模式创新、治理方式重塑、治理体系重构；福州金山街道中天社区通过构建社区数字化治理的统一集成平台，积极推进“互联网+数字治理+服务体系”的深度融合，社区人、事、物、环境得到全面有效的治理，极大提高了社区服务的速度和温度。

1 农业农村部信息中心:《中国数字乡村发展报告（2022年）》，2023年2月。

智慧社区的智慧应急能力增强。数字技术蓄势赋能现代社区应急体系建设，“大安全、大应急、大减灾”格局正在逐步形成，城市社区应对重大自然灾害和突发事件应急处理能力不断加强，应急管理、防抗救灾能力和监测预警效能持续提升。例如，邯郸市邱县的加快新型智慧城市建设探索数字赋能城市治理的邱县路径、淮北市相山区的“相山e治理”助力网格治理精细化、成都市双流区的网上群众工作路线服务平台等，被由人民网、中央党校（国家行政学院）联合发布的《2023创新社会治理典型案例名单》收录；杭州市余杭区构建社区应急力量“1+1+N”组织架构（1个应急消防管理工作组、1个应急消防管理员、N名网格力量），建立平战高效转换的社区应急机制，高标准推进微型消防站、避灾安置点、物资储备库、宣传驿站4大阵地建设，打造现代社区应急体系余杭样板。

第8章

数字文化建设

党的二十大报告指出，全面建设社会主义现代化国家，必须坚持中国特色社会主义文化发展道路，增强文化自信，围绕举旗帜、聚民心、育新人、兴文化、展形象建设社会主义文化强国，发展面向现代化、面向世界、面向未来的，民族的科学的大众的社会主义文化，激发全民族文化创新创造活力，增强实现中华民族伟大复兴的精神力量。在国家政策与数字技术的双重赋能下，数字文化不仅成为数字技术在文化领域的延伸，使得文化产品的创作、生产、展现、传播与消费都具有显著数字特征，更是以社会主义核心价值观为引领，丰富了社会主义文化形态，提升了中华文化传播效能，助力中国特色社会主义文化体系建设，以理念创新、手段创新、形式创新、内容创新、技术创新推动当代社会主义文化蓬勃发展。

一年来，数字文化在政策、内容、产业、技术等诸多方面齐头并进。数字文化政策相继实施，法律法规不断健全完善，数字文化发展有法可依、有规可循。高质量、正能量成为数字文化内容发展的核心词汇，一批批彰显高质量、高扬正能量的数字文化作品不断涌现。数字文化产业发展动能强劲，步入高质量发展。以人工智能技术为核心的新一代数字技术革命正在发生，驱动文化产业数字转型、提高数字文化创新能力。数字文化建设始终坚持中国特色社会主义文化发展道路，努力实现中华优秀传统文化创造性转化、创新性发展，增强文化自觉、文化自信、文化自强，不断提升国家文化软实力与中华文化影响力，为建设社会主义文化强国贡献精神力量。

8.1 政策“保驾护航”，夯实数字文化发展根基

我国数字文化产业以新技术为基础、以新业态为引擎，目前正处在以新理念和新政策加速推动的新阶段。一年以来，聚焦前沿问题、着眼长远发展，不断加强顶层设计，夯实数字文化领域发展根基，助力数字文化事业和产业高质量发展。

8.1.1 数字文化建设整体布局统筹推进

2023年2月，中共中央、国务院印发《数字中国建设整体布局规划》，将

数字文化产业的建设发展纳入数字中国国家战略之中，为数字文化发展提供整体布局与顶层设计。从大力发展网络文化、推进文化数字化发展、提升数字文化服务能力等方面入手，目的是着力丰富数字文化产品、激活文化存量资源、发展文化新业态、培育文化消费新模式，以数字技术深化文化领域供给侧结构性改革，实现数字时代文化产品供给对群众文化需求的适配性，在更高水平和层次上满足人民日益增长的精神文化需求。此前，中共中央办公厅、国务院办公厅于2022年连续印发《关于推进实施国家文化数字化战略的意见》《“十四五”文化发展规划》等政策文件，为文化数字化、文化产业数字化布局指明了前进方向。

数字乡村文化建设既是数字中国战略实施的题中应有之义，也是数字文化产业发展的重要落点，更是全面推进乡村振兴重点工作的关键所在。2023年1月，中共中央、国务院印发《关于做好2023年全面推进乡村振兴重点工作的意见》，提出要培育乡村新产业新业态，包括实施文化产业赋能乡村振兴计划，实施乡村休闲旅游精品工程，深入实施“数商兴农”和“互联网+”农产品出村进城工程等。同年4月，中央网信办等五部门联合印发《2023年数字乡村发展工作要点》指出，要引导数字文化产业与乡村振兴结合起来，用数字化赋能乡村产业发展、乡村建设和乡村治理。文件明确，要创新发展乡村数字文化，包括营造乡村网络文化繁荣发展环境、推动乡村文化文物资源数字化。数字乡村建设持续推进，带动乡村数字文化在内的多维数字能力提升，形成更多元、更繁茂的数字中国文化版图。

8.1.2 数字文化政策面向新业态、吹响治理新号角

一年来，数字文化发展迎来增长趋势，作为文化产业新业态，伴随着数字经济蓬勃发展，数字文化产业运营也在一系列政策的指导下不断规范。2023年，文旅部印发《文化和旅游部关于规范网络演出剧（节）目经营活动 推动行业健康有序发展的通知》《文化和旅游部关于推动在线旅游市场高质量发展的意见》等政策文件，并指导中国演出行业协会制定了《网络主播培训服务体系大纲》，为数字文化市场运营和人员管理提供了政策依据，加强扶持引导，促进数字文化产业高质量发展。8月，国家市场监管总局、国家标准化管理委

员会发布《企业知识产权合规管理体系要求》(GB/T 29490-2023),为数字文化企业防范知识产权风险、实现知识产权价值提供了参照标准。

以生成式人工智能为代表的智能数字技术为数字文化发展带来发展机遇,但也滋生出诸多新问题,一系列相关政策陆续实施,吹响了数字文化治理的新时代号角。2023年1月起,国家网信办、工信部、公安部联合出台的《互联网信息服务深度合成管理规定》正式生效实施;8月,国家网信办联合国家发展改革委、教育部、科技部、工信部、公安部、广电总局公布的《生成式人工智能服务管理暂行办法》实施,进一步加强对新技术、新应用、新业态的管理,统筹发展与安全,推进人工智能技术依法合理有效利用,为数字文化健康发展保驾护航。

8.1.3 数字文化政策引导社会新风尚

数字文化产业以社会主义文化内容为引领,以新兴数字技术为手段,是建设数字中国、发展数字经济、增强文化自信和铸就社会主义文化新辉煌的重要载体,也是推动社会主义文化强国建设的重要抓手。一年来,数字文化政策不断推出,以社会主义核心价值观引导社会新风尚。2022年8月《"十四五"文化发展规划》印发,强调要繁荣文化文艺创作生产,包括鼓励引导网络文化创作生产、发展积极健康的网络文化、加强数字版权保护,等等。10月,市场监管总局、中央网信办等七部门联合发布《关于进一步规范明星广告代言活动的指导意见》,切实加强针对明星广告代言"翻车"事件频发,严重破坏市场秩序、污染社会风气的整治,推动明星广告代言活动的治理体系建设。2023年8月,广电总局召开新时代电视剧高质量发展座谈会。会议提出,要继续加强服务保障,净化行业生态,营造有利于高质量发展的良好创作环境、发展环境,包括统筹推动网上网下视听文艺融合发展,为好作品创造更多展示舞台、传播渠道,持续深入开展文娱领域综合治理,引领向上向善社会风尚等。

8.2 正能量高扬,数字文化内容蓬勃发展

2023年6月,习近平总书记在文化传承发展座谈会上强调,"在新的起点上

继续推动文化繁荣、建设文化强国、建设中华民族现代文明，是我们在新时代新的文化使命。要坚定文化自信、担当使命、奋发有为，共同努力创造属于我们这个时代的新文化，建设中华民族现代文明”[1]。数字文化内容是中华民族现代文明的重要组成，一年来，数字文化内容建设高扬正能量，为理想信念教育注入创新活力，坚持高质量推动中华优秀文化的创造性转化与创新性发展，同时加强生态治理，秉持技术创新与健康规范并重，共同营造风清气正、和谐健康的数字文化内容生态。

8.2.1 数字文化建设为理想信念教育注入创新活力

理想信念是中国共产党人的信仰之基、精神之“钙”。党的十八大以来，习近平总书记发表了一系列重要论述，深刻阐释了理想信念的理论内涵与重要意义。数字文化以形态多样、内容丰富、技术创新的数字技术赋能红色文化传承传播，打造符合主流意识形态、融合主观能动性的红色文化，为理想信念教育注入创新活力。

中国共产党历史展览馆运用增强现实、虚拟现实、人工智能等前沿技术全景复原了红军长征途中血战湘江、强渡乌江、飞夺泸定桥等场景，结合利用多种环境特效使观众能切身感受当年革命过程的不易，通过全方位、全过程、全景式、史诗般展现中国共产党波澜壮阔的百年历程，加强党史学习体悟，截至2023年9月，该馆已接待各界观众200多万人次。2023年7月，上海市中共四大纪念馆发布“数字赋能大思政课——中共四大纪念馆元宇宙场景展区”，观众可扫码链入小程序，进入上海16个区的AR场景，将全市612处革命遗址旧址图文信息“尽收眼底”。科大讯飞运用人工智能赋能党建，通过虚拟主播讲党课、党建机器人、为学习强国装上“小喇叭”、AI党员学习笔记本等AI新技术，丰富学习方式，提高学习效率，以数字技术强化党群思想建设、文化建设，协助党员干部坚定理想信念、提升思想境界、加强党性锻炼。

强科技感的数字教育平台与学习工具，充分体现出时代智慧与技术创新的有机统一，为赓续红色血脉、传播红色文化、传承红色基因提供了新的传播形

---

1 “习近平出席文化传承发展座谈会并发表重要讲话”，https://www.gov.cn/yaowen/liebiao/202306/content_6884316.htm，访问时间：2023年6月。

态与传播途径，更为牢牢把握正确的政治方向、舆论导向、价值取向，发挥理想信念的网络文明压舱石作用注入创新力量。

8.2.2　数字文化为中华优秀传统文化的创造性转化与创新性发展提供新路径

中华优秀传统文化是数字文化内容建设与发展的根基与源泉，文化内容与数字技术的有机结合为中华优秀传统文化的创造性转化与创新性发展创新了内容生产形态、管理方式、交互形式、传播途径等。

1. 数字技术创新文化资源新形态

文化资源是中华民族的民族精神与文化自信的集中体现，是数字文化内容的重要来源。随着数字技术的普及应用，文化资源数字化成为创新资源形态，优化资源管理与利用，是促进传统文化的转化、传播与传承的有利方式。截至2022年底，敦煌研究院已完成278个洞窟数字化摄影采集、164个洞窟的图像处理、145身彩塑和7处大遗址三维重建、162个洞窟全景漫游节目制作、50000余张档案底片的数字化。此外，基于区块链技术构建文化遗产数字资源授权利用体系的“数字敦煌开放素材库”现已收录了来自敦煌莫高窟等石窟遗址和敦煌藏经洞文献的6500余份高清数字资源档案。敦煌研究院集成式运用多种数字技术，实现敦煌文化资源的全方位智慧化管理，促进文化内容数字化传承与创新。

除此之外，非物质文化遗产也借助数字技术完成文化资源的形态创新。截至2022年底，全国共建成200多个不同层级的公共文化云平台，总库资源量达到1504TB、588757部集、218025小时，内容涵盖文学、舞蹈、电影、曲艺、书法等多种艺术门类。2023年6月，文旅部发布《非物质文化遗产数字化保护 数字资源采集和著录》系列行业标准，用于指导和规范我国各门类非遗代表性项目数字资源的采集和著录工作，为非遗文化数字资源的采集和著录提供了明确的文化行业标准。

2. 智能技术打造文化体验新场景

社会主义核心价值观与中华优秀传统文化为数字文化发展赋予价值内核与内容底蕴，智能技术集成应用则为数字文化内容的创新性发展打造出立体沉浸的文化体验新场景。2023年1月，中央广播电视总台“2023网络春晚”更是打造了“赛博国风”元宇宙分会场，用户可定制个性化数字人形象，欣赏由央视数字主播小C带来的歌唱节目，颠覆传统文艺晚会的视听体验。4月，位于北京中轴线上的“为宝书局”引入中轴线文化信息数字聚合平台，借助与北京中轴线空间布局一致的店内布置和AR设备，使公众可体验“移步换景”的游览妙趣，此外还依托AI技术打造人机共创空间，使公众领略与AI实体共创中轴艺术的全新体验。6月，西安城墙景区举办“千年碑林上城墙”数字文物展，基于中兴通讯XRExplore平台打造出数字文物与现实城墙虚实融生、碑文丛立如林的数字文物体验空间。

数字化转型将传统文化空间与数字技术场景合二为一，打造出兼具文化特质与技术特性的沉浸式文化体验空间，带来数字文化新体验。

3. 信息技术赋能文化传播新途径

信息技术以技术赋能文化，拓展文化传播新途径，为数字文化内容提供了更多元、更高效的传播途径。一是便于优质文化内容汇聚云端。2022年7月，中央广播电视总台启动“央博”数字平台建设，汇集国家级文化战略资源，将来自中国国家博物馆、故宫博物院等机构的典藏文物、艺术作品、美育课程等聚合于云端，为人民群众提供了兼具文化底蕴与便捷服务的数字公共文化空间。二是增强优秀文化内容趣味传播。2022年深圳文博会江苏展区的数字风俗画卷《金陵图》使观众可置身画中，与533位“画中人”共处繁华的金陵街头；山东济宁推出的数字艺术作品《画意济宁》则采用了国画风格的数字视觉处理技术和交互程序技术，以文化科技相融合、虚幻写意一体化的创意形式，赋能运河文化的在线传播与趣味呈现。三是提高各类人群获取文化资源的便利性。2022年12月，优酷无障碍剧场正式上线，在中残联登记过的视障用户认证身份后，均可免费欣赏剧场内的无障碍影视作品。以数字技术赋能传统传播渠道，关怀特殊受众群体，不仅传递富含人文精神的影视作品，更将人文关怀蕴藏在数字文化传播实践当中。

8.2.3 数字文化综合治理坚持“监管+引导+服务”齐发力

数字文化是数字化的文化形态，具有数字化、网络化、智能化等特点。当前大数据、云计算、人工智能、区块链等技术加速发展，为数字文化内容创新提供了技术支撑与广阔舞台，催生出数字文化产业新业态与新问题，亟待完善与提升文化领域的治理体系与治理能力，处理好数字与文化、发展与安全、共建与共享、自主与开放、继承与创新的关系，构建起科学高效的现代化数字文化治理体系。

网络不是法外之地。2023年以来，国家网信办持续开展“清朗”系列专项行动，重点开展整治“自媒体”乱象、打击网络水军操纵信息内容、规范重点流量环节网络传播秩序、整治生活服务类平台信息内容乱象、整治短视频信息内容导向不良问题、整治暑期未成年人网络环境、整治网络戾气等9项专项行动，回应网民诉求，针对滥用数字技术扰乱数字文化市场与网络生活空间的乱象恶行加强网络监管力度，督促数字文化内容生态向上向善。

数字文化内容治理还需要互联网平台企业积极作为，落实主体责任。2023年5月，腾讯发布《视频号合规治理白皮书》，从平台规则体系、内容生态体系、未成年人保障体系、个人信息保护体系、机构用户管控体系、知识产权保护体系等六大维度，系统呈现视频号在合规及生态治理方面的举措及成效。[1] 6月，抖音发布《2023年第一季度安全治理透明度报告》，数据显示，该季度抖音平台共处罚2900个违规传播不实信息的账号，处置视频158万条，发送警示条135万个。[2] 互联网平台通过平台规则引导创作者在数字内容生产过程中注意内容规范，与政府监管形成治理合力，共同促进数字文化内容生态的积极向善。

在数字文化平台建设过程中，政府部门强化群众服务意识，搭建意见反馈与沟通渠道，从而提升广大网络用户的自我治理意识，形成“监管+引导+服务”的治理合力，打造多主体协同治理体系。故宫博物院官网首页设置鲜明“我要留言”图标，并在留言板块中积极回应网民对馆藏文物数字化呈现中存在问题的指正。各互联网平台健全治理体系，投诉与申诉机制极大促进了网络用户参与数字平台内容生态建设的主动参与。

1　腾讯：《视频号合规治理白皮书》，2023年5月。

2　“抖音发布‘2023一季度安全透明度报告’处罚2900个发布不实信息账号”，https://wap.peopleapp.com/article/rmh35786357/rmh35786357，访问时间：2023年9月。

8.3 步入增长通道，数字文化产业高质量发展

数字文化产业是以文化创意内容为核心，依托数字技术进行传播、生产和服务的新兴产业，有助于培育新供给、引领新消费。2023年以来，数字文化产业重新步入增长通道，开启高质量发展新阶段。据国家统计局数据，2023年上半年全国规模以上文化及相关产业企业中，数字文化新业态特征较为明显的16个行业小类实现营业收入23588亿元，比上年同期增长15.0%，高于全部规模以上文化企业7.7个百分点。

8.3.1 数字文化产业与社会场景融合互嵌，多元领域中探索新机遇

在乡村振兴方面，2022年9月，中央广播电视总台推出首档沉浸式丰收节网络晚会“2022网络丰晚”，既让农民尽情享受自己的节日，也让更多的网民了解当下的新农业、新农村和新农民。2023年2月，劳作纪实真人秀节目《种地吧》上线，以网络真人秀形式记录当代年轻人的农耕生活，展现新时代农村新气象，带动广大年轻观众对农业农村的热切关注，探索数字文艺作品助力乡村振兴的新路径。《乡村文旅数据报告》显示，过去一年，平台内新增乡村内容数超4.59亿个，播放量超23901亿次，同比增长65%，点赞超415亿次，转发超28亿次，评论超58亿条。[1] 数字文化产业发展让网民成为乡村生活的记录者、乡村文化的建设者与传播者、乡村文旅的参与者，助力乡村文化建设。

在文化遗产保护方面，中国传统村落非遗资源的数字化工作持续推进，2022年新增126个村落单馆，累计完成839个村落单馆建设，已形成涵盖多模态、多种数据类型的传统村落数据库。网络电商则通过扩大经济创收促进文化遗产的保护与发展，文旅产业指数实验室《2022非物质文化遗产消费创新报告》显示，2022年，淘宝平台非遗店铺数为32853家，较2020年增长9.5%；非遗交易额较2020年增长11.6%。[2] 此外，网络平台也为非遗文化的宣传推广提供了数字路径。2023年6月，中国演出行业协会联合腾讯视频等8家网络平台共同承办的“云游非遗·影像展”，展映视频3000余部，同时延长活动时间，其间

1 “‘直播+文旅’升级产业新动能，携手拥抱‘诗与远方’”，https://h.xinhuaxmt.com/vh512/share/11645877?d=134b2a5，访问时间：2023年9月。

2 文旅产业指数实验室、阿里研究院：《2022非物质文化遗产消费创新报告》，2022年10月。

精选片单全网限免，降低大众观看优质文化内容的门槛。

在旅游方面，四川瓦屋山大熊猫国家公园博物馆借助AR等新型数字技术，设计建造了四川省首家穿透式自然借景博物馆，实现了旅游开发和自然保护有机统一。此外，短视频、网络直播不仅为游客“云旅游”提供了丰富内容选择，还为各类旅游企业提供了“种拔草”一体化的有效方式。据抖音官方数据，平台2023年一季度“旅行”相关内容发布人数占全行业比重居第二位，同比提升7.3%；截至2023年3月底，平台各类型旅游企业账号数量平均增速均超过20%，其中酒店住宿、商旅票务代理和旅游景点账号数量增速最为强劲，同比增速分别为61.5%、46.0%、35.5%。[1]

在文博方面，全国各地博物馆在发展理念、技术手段、业态创新等领域发力，探索出“云展览”“XR沉浸式展陈”“数字藏品”“考古盲盒”等一系列新的博物馆创新发展形式。中国国家博物馆、中国文物交流中心、敦煌研究院等一批文博和文艺机构相继推出“数字人”虚拟形象，在吸引年轻群体的同时为文博场所运营提供了新思路。2023年4月，南京大报恩寺打造全真互联交往空间，游客可在入馆后以个人虚拟数字形象进入“报恩圣境元宇宙”，感受实地游览与虚拟穿梭实时同步的新奇参观体验。

8.3.2　数字文化产业推动线上线下同频互动，文化创新实现增长

在出版领域，国家统计局数据显示，2023年上半年数字出版行业营业收入增速为16.1%。2023年3月，人民出版社推出融媒体图书《政府工作报告（2023）》（视频图文版），该书涵盖政府工作报告以及有关专家对报告的图文视频注释等内容，以二维码形式链接纸质书籍与数字音视频，加快推进传统出版和新兴出版深度融合发展。此外，沉浸式剧本、有声书等数字文化形态为数字出版提供了新的产业赛道与创新方向。

在数字藏品领域，基于区块链和数字版权等技术衍生出的数字藏品助力实体文物的数字出版与资源利用，促进文化创意产业的价值增加。《2022中国数字藏品产业发展报告》指出，2022年起，单月数字藏品发行量开始突破百万级

1　“复苏 迭代 重构——2023抖音旅游行业白皮书”，https://trendinsight.oceanengine.com/arithmetic-report/detail/947，访问时间：2023年6月。

别，文化产业是当前应用场景和藏品开发最为丰富的产业。[1] 截至2023年1月，我国数字藏品平台已有2449家，其中2022年下半年新增平台1274家。[2]

在网络文学领域，我国网络文学作品精品化、主流化的高质量发展进程不断加快。由中国经济信息社编制的《新华·文化产业IP指数报告（2022）》指出，从工业、基建题材作品对古代社会/幻想世界进行的现代化改造，到非遗、国风题材作品对中华传统文化的发掘与认同，体现出网络文学作品在现实题材创作整体性崛起的主潮下百花齐放、相辅相成。[3] 此外，网络文学也成为数字文化产业IP的重要源泉，在上述报告发布的“中国文化产业IP价值综合榜TOP 50”中，原生类型为“文学”的IP有26个，占比52%，其中超八成为网络文学。

在游戏和动漫领域，中国文化艺术政府奖第四届动漫奖共评出《哪吒之魔童降世》《大理寺日志（第一季）》等20个获奖项目，体现了动漫产业最高艺术水准和服务国家发展大局和在中国式现代化进程中的时代气象。国内大型漫展COMICUP魔都同人祭、BiliBili World、中国国际数码互动娱乐展览会（ChinaJoy）等成功举办，为游戏和动漫爱好者进行线下交流搭建了平台。优秀游戏作品也带动文化IP的打造与传播，进一步增强了文化自信，提升了优秀中华文化的海内外传播力、影响力。2022年中国游戏在美、德、英等国的市场占有率均超过20%,《原神》等游戏位列商务部发布的122个国家文化出口重点项目名单。

8.3.3 网络视听行业聚合发力，彰显数字文化市场力量

一年以来，网络视听行业不仅在守正创新中展现出舆论传播主流化、节目内容精品化、市场秩序规范化的良好态势，更是在数字文化市场中做精做细，产业格局不断壮大，产业形态不断丰富，产业规模逐年攀升，聚合发力发展精细化、高质量数字文化。截至2023年6月，我国网络视频（含短视频）用户规模达10.44亿，用户使用率为96.8%。[4]

---

1 链上产业区块链研究院、中国物流与采购联合会区块链分会:《2022中国数字藏品产业发展报告》，2022年9月。

2 “2023年中国数字藏品行业市场现状及发展趋势分析 景区IP助力数字藏品发行”，https://bg.qianzhan.com/report/detail/300/230721-d7b6c4a9.html，访问时间：2023年9月。

3 中国经济信息社:《新华·文化产业IP指数报告（2022）》，2022年11月。

4 中国互联网络信息中心:《第52次中国互联网络发展状况统计报告》，2023年8月。

其中，短视频与网络直播产业的市场规模占据网络视听行业市场规模的半壁江山。据《中国网络视听发展研究报告（2023）》数据，2022年泛网络视听产业的市场规模为7274.4亿元，较2021年增长4.4%。其中，短视频领域市场规模为2928.3亿，占比为40.3%，是产业增量的主要来源；其次是网络直播领域，市场规模为1249.6亿，占比为17.2%，成为拉动网络视听行业市场规模的重要力量。[1]

在短视频领域，各大主流媒体不仅打造短视频平台账号矩阵，还专注于自有平台建设，共同助力高质量文化内容的数字传播。2023年初，《典籍里的中国》第二季制作推出系列原创短视频，其中第五期《越绝书》视频全平台播放量超1500万次，第八期《茶经》短视频在"央视一套"第三方账号24小时内点赞量达340万次，在微信视频号单条播放量超1000万次。此外，同年4月，抖音集团与腾讯视频宣布将围绕长短视频联动推广、短视频衍生创作达成合作，促进长短视频共赢新局面。

在网络直播领域，高质量文化内容为网络直播注入力量。2022年，故宫博物院共开展50余场线上直播活动，总观看量近1.9亿人次。知名作家走进直播间进行新书发售、好书推荐，扩大优秀文学作品的在线售卖与数字传播。快手平台已有超2000万场非遗与民间艺术直播，其中仅戏曲类直播就达248万场，平均每天有超过4万非遗传承人在内的传统文化主播在快手开播。[2]

此外，综合视频、OTT/IPTV、网络音频等产业领域也聚力打造数字文化品牌。例如2022年8月，芒果TV与十余家车企品牌展开合作，共同探索车载屏视频娱乐服务；2023年，喜马拉雅在扩充全场景、发展AI技术、进行IP策源等领域持续发力，旨在打造更为智能化的数字音频品牌。

8.4　技术进入新一轮发展期，数字文化将迎来新机遇

大数据、虚拟现实、物联网、元宇宙、人工智能等数字技术的迭代创新，打破以往的时空限制，塑造了数字文化产业的新特征、新模式、新业态，为数

1　中国网络视听节目服务协会:《中国网络视听发展研究报告（2023）》，2023年3月。

2　中国文化报:《非遗快与慢——2023快手非遗生态报告》，2023年6月。

字文化发展提质增效提供新动能。如今，技术进入新一轮变革期，大数据与物联网技术逐渐成熟，虚拟现实技术落地场景更加丰富，人工智能与元宇宙技术迎来生成式人工智能的新突破，以数字技术为支撑的数字文化也将迎来新的发展机遇。

8.4.1 数据管理技术打通全链，助力文化数据库建设

数据作为新型生产要素，是数字化、网络化、智能化的基础，已快速融入生产、分配、流通、消费和社会服务管理等各环节，深刻改变着生产方式、生活方式和社会治理方式。国家文化数字化战略指出，要统筹利用文化领域已建或在建数字化工程和数据库所形成的成果，关联形成中华文化数据库。

在中华优秀传统文化资源中，有许多弥足珍贵的历史文化遗产。这不仅是中华民族千年历史的文化基因库，更能够通过数字技术形成属于中国人民与中华民族的文化数据库。数据管理技术是一套集合数据采集、数据存储、数据管理、数据应用功能的数字技术集成，通过拍照、扫描、录音、录像、3D建模等技术形式将文物与非物质文化遗产进行720度全方位多模态信息采集，并转化为数据形式加以存储，同时通过物联网、区块链、知识图谱等技术搭建起数字化档案管理系统，形成版权清晰、链路清晰的中华文化数据库。当前，故宫博物院、敦煌研究院已分别建立故宫博物院数字文物库、数字敦煌资源库。

在关联形成中华文化数据库过程中，标识解析技术是实现数据互联互通的支撑技术，解决在维持数据分布式存储、不改变数据所有权的前提下，将分散各处各级的文化资源数据进行关联，以实现数据互联互通、全面共享。一是在文化机构数据中心部署底层关联服务引擎和应用软件，按照物理分布、逻辑关联原则，汇集文物、古籍、美术、戏曲、文明遗址等数据资源，开展红色基因库建设，贯通已建或在建文化专题数据库；二是在有线电视网络公司机房部署提供标识编码注册登记和解析服务的技术系统。[1] 两方齐头并进，关联打通现有数据资源，实现全链互联、全景呈现、全民共享的中华文化数据库打造与管理，可以建成物理分布、逻辑关联、快速链接、高效搜索、全面共享、重点集成的国家文化大数据体系。截至2023年3月，24家省级图书馆启动智慧图书

1　高书生:《国家文化数字化战略的技术路线和实施路径》,《中国网信》2023年第4期，第43—46页。

馆知识仓储平台建设，各级公共图书馆围绕馆藏特色资源、公开课等开展基础数字资源建设，利用语义网、知识图谱等技术开展知识资源细粒度建设和标签标引。

8.4.2　扩展现实技术广泛应用，带动数字文化创新

扩展现实（Extended Reality，简称XR）技术是指通过以计算机为核心的现代高科技手段营造真实、虚拟组合的数字化环境，提供新型人机交互方式，为体验者带来虚拟世界与现实世界之间无缝转换的“沉浸感”，也是增强现实（AR）、虚拟现实（VR）、混合现实（MR）等多种技术的统称。近年来，XR技术已经普遍应用于数字文化产业的文化产品创新中，在文旅、文博、游戏、网络视听等多个行业应用广泛，成为行业数字文化创意增长点。

XR技术以弥合物理世界与虚拟世界为目标，在文物数字修复与保护、文化空间数字交互以及文化内容数字传播等方面具有技术优势。XR技术中的3D扫描、3D建模、动作捕捉、全景拍摄等技术手段能够轻松解决传统摄影摄像手段无法记录文化遗产全貌的难题，还可在保护文物现有面貌的同时借助AI技术修复与还原文物原貌，甚至呈现出随时间而变化的文物外貌。文物的XR技术能够打造虚实结合的数字场景，使用户借助手柄、触觉感受器等可穿戴设备，获得更加丰富完整的感官体验，从而提升传统文化空间的交互体验，更好传递文化内容与文化精神。2023年4月，敦煌研究院发布的“数字藏经洞”正是采用数字照扫、游戏引擎等技术完成了以1∶1毫米级比例的文物复刻，生动复现藏经洞及其百年前室藏6万余卷珍贵文物的历史场景。此外，XR技术与AI技术结合，不仅能够实现文物藏品的1∶1数字复刻，还可以开展XR数字巡展等创新传播形式，让丰富多彩的中华瑰宝以数字化形式进入国内外公众视野，从而促进国内国际文化交流。2023北京·中国文物国际博览会上，近万件文物艺术品进行线上展示交易，同时将设有线下互动体验专区，为文物收藏爱好者提供国内+国际同频、线上+线下全方位的展览展销。

目前受制于技术成本，XR技术的全面推广尚在进行，但其多维度、多模态、多感官的技术特性为数字文化场馆建设与数字文化内容传播的重要技术手段。

8.4.3 人工智能技术实现突破，创新数字文化生产

2022年末，以生成式人工智能为代表的人工智能技术前沿步入发展新阶段。作为技术集成，AIGC依靠自然语言处理、生成算法、预训练模型、多模态技术，通过已有数据寻找规律，并以其适当的泛化能力生成相关内容，创新了传统数字文化内容的生产流程与生产逻辑，在降低生产成本的同时，在特定领域具备达到人类平均水平的内容生成能力，且在自主性上远超此前的各类智能机器。

对于数字文化生产而言，生成式人工智能带来内容生产力的提升与创造，在多任务、多模态、多语言方面表现出极强适应性，在内容生成中扮演重要角色，尤其是以MidJourney为代表的跨模态文生图模型以及有通用人工智能发展趋势的GPT系列模型。数字化程度高、内容需求旺盛的产业是AIGC落地的重要场景，目前AIGC在传媒、影视、游戏、音乐、电商等场景应用已较为成熟，技术突破也将优先在上述领域产生创新应用。[1] 短视频剪辑、剧本改写、音乐创作、虚拟主播等智能应用已实现商业化落地。

中文环境下，AI大模型也进入快速发展期。截至2023年9月，包括百度的“文心一言”、阿里的“通义千问”、抖音的“云雀大模型”、腾讯的“混元大模型”、中科院的“紫东太初大模型”、商汤的“日日新大模型”、上海人工智能实验室的“书生通用大模型”等已开放推出。从文化数字化到文化大数据再到文化大模型，可以充分发挥中华优秀文化宝贵资源，大幅提升文化机构的效率和效能。基于中文数据的本土大语言模型或将更适应中华文化内容的生产与创造，从而为中华文化的创新发展贡献力量。

1 郭全中、张金熠：《AI+人文：AIGC的发展与趋势》，《新闻爱好者》2023年第3期，第8—14页。

第9章

网络空间国际治理和交流合作

2023年，后疫情时代网络空间的复杂性、不稳定性和不确定性进一步凸显，国际形势复杂动荡。美国将意识形态因素引入网络空间国际治理，以炒作国家安全威胁和意识形态对立的方式来转嫁危机，试图通过政治手段重新制定一套于己有利的网络空间国际治理规则。伴随着大国博弈的加剧，网络空间军事化进程进一步加快，世界主要国家竞相发展网络作战力量，全力抢夺网络空间的战略主动权。大国战略竞争主战场向技术权力领域持续演进，围绕芯片供应链主导权的争夺进一步加剧，部分国家将技术问题政治化，破坏全球芯片产业链、供应链稳定。

与此同时，完善网络空间国际治理机制，推动形成各方普遍接受的网络空间国际规则，加强网络空间和平合作成为国际社会的共同诉求。在数字贸易领域，各国对多边谈判、世界贸易组织现有规则的修订抱有期待，通过在区域及双边贸易协定中设立专门的电子商务章节，将数字贸易议题纳入规则制定范畴。[1] 在技术领域，以中国为代表的大部分国家普遍反对单边主义和科技霸凌行径，强调维护国际产业链、供应链稳定，共同推动世界经济复苏发展。

面对纷繁复杂的网络空间国际形势，中国秉持共商共建共享理念，不断拓展数字经济合作，持续深化网络安全、网络技术等各领域合作，积极参与网络空间治理，促进全球普惠包容发展。2022年11月，中国国务院新闻办公室发布《携手构建网络空间命运共同体》白皮书，介绍了新时代中国互联网发展和治理理念与实践，分享中国推动构建网络空间命运共同体的积极成果。白皮书呼吁国际社会顺应信息时代发展潮流和人类社会发展大势，回应网络空间风险挑战，彰显了中国为人类谋进步、为世界谋大同的情怀，表达了中国同世界各国加强互联网发展和治理合作的真诚愿望。

9.1 中国参与网络空间国际治理面临的形势

2023年，新一代技术创新应用带来的“双刃剑”效应引发全球关注，国际

1 “关注数字贸易国际规则构建与走向”，https://baijiahao.baidu.com/s?id=1722422618787635365&wfr=spider&for=pc，访问时间：2023年4月。

社会高度重视其潜在危害，通过制定国际规则、推进政策立法等手段确保新技术健康发展和规范应用。围绕芯片供应链主导权的争夺进一步加剧，正加速全球半导体供应链体系的深刻重塑。全球尚未建立统一的数字贸易规则，各方对数字贸易规则制定有共识也有分歧，探索打造适合自身经济发展的数字贸易规则成为各国关注的重要课题。

9.1.1 新一代技术创新应用潜在风险备受关注

以人工智能、大数据、物联网为代表的新技术快速发展、广泛应用，对当前全球经济发展、社会治理模式和人们的日常生活产生深刻影响。与此同时，新技术带来的“双刃剑”效应引发国际社会广泛关注。一方面，技术滥用引发数据滥用、内容侵权、虚假信息等问题进一步发酵，加剧了隐私保护、数据安全、伦理道德等安全和道德风险，使监管难度和复杂性与日俱增。另一方面，随着乌克兰危机的延续，智能化、自动化、武器化的网络攻击手段不断翻新，引发以颠覆性技术军事化应用为主体的新一轮军备竞赛，网络空间军事化进程明显加快。

国际社会高度重视数字技术风险的潜在危害，针对新技术应用风险的国际规范制定的相关工作已持续开展多年。在国际组织层面，2023年针对人工智能的监管有一些新进展。2023年4月，联合国教科文组织呼吁尽快实施人工智能伦理标准，确保实现人工智能伦理问题全球性协议——《人工智能伦理问题建议书》的目标。[1] 2023年2月，世界经济合作与发展组织提出十项人工智能原则，并指出人工智能开发和使用者对技术系统的正常运行需承担必要责任。

在国家层面，全球主要国家和地区亦纷纷推进立法等相关举措，确保其新技术应用安全、公正和透明。以人工智能技术监管为例，欧盟大力推进《人工智能法案》制定，加快立法进程。2023年3月，英国政府发布《促进创新的人工智能监管方法》，提出加强人工智能安全性、透明度、公平性、问责与治理等监管原则，促进人工智能创新与安全应用。2023年7月，国家网信办等七部门联合发布《生成式人工智能服务管理暂行办法》，确保人工智能行业健康发展和规范应用，为全球探索人工智能治理提供了有益借鉴。

---

1 “联合国教科文组织呼吁尽快实施人工智能伦理标准”，http://www.legaldaily.com.cn/international/content/2023-04/03/content_8840255.html，访问时间：2023年5月。

9.1.2　芯片供应链主导权争夺进一步加剧

随着大国战略竞争主战场向技术权力领域演进，芯片逐渐成为数字时代的关键战略资源，围绕芯片供应链主导权的争夺也进一步加剧，正加速全球半导体供应链体系重塑。[1] 一方面，各国围绕芯片产业纷纷做出立法和政策调整，以期促进本国半导体产业发展。美国推出《芯片与科学法案》，对美本土芯片产业提供巨额补贴，并要求任何接受美方补贴的公司必须在美国本土制造芯片。欧盟通过《欧盟芯片法案》，期望到2030年将欧盟在全球半导体制造市场的份额从10%提高到至少20%。日本将芯片在内的11个领域定义为关键资源，意在保障与经济安全直接相关但严重依赖海外的战略资源供应。韩国通过韩版芯片法案，将芯片定义为国家安全资产和核心技术。

另一方面，个别国家开始构建基于战略联盟而非产业生态的“供应链联盟”，试图争夺半导体供应链竞争优势，技术问题逐步政治化。如美国作为世界头号科技强国，牵头组建芯片四方联盟等小圈子，施压其他国家在技术和产业链、供应链方面进行“脱钩”。美、日、荷三国就限制向中国出口部分先进芯片制造设备达成协议。新兴国家印度加强与发达国家的连接，通过“四方安全对话机制”加紧在半导体领域构建弹性、多元、安全的供应链。

9.1.3　全球数字贸易规则制定呈现多元化发展趋势

在“数字全球化”背景下，数字贸易规则已成为全球经贸谈判的重要议题。当前，鉴于对构建数字贸易国际规则体系的目标诉求各异、利益复杂交织，数字贸易规则制定相对滞后，呈碎片化态势，各国参与规则制定的路径选择也呈现多元化趋势。[2] 首先，各方普遍对多边谈判和针对WTO现有规则的修订抱有期待，寻求以电子商务谈判取得突破。截至2023年2月，WTO电子商务诸边谈判已扩员至89个，成员间贸易额已达全球贸易总额的90%。其次，存在共识的部分国家达成高水平协定，寻求谈判成果多边化。2022年11月，二十

1　“‘芯片四方联盟’：供应链联盟的战略支柱”，https://www.icc.org.cn/trends/mediareports/796.html，访问时间：2023年4月。

2　国务院发展研究中心对外经济研究部、中国信息通信研究院课题组：《数字贸易发展与合作：现状与趋势》，《中国经济报告》2021年第6期，第53—64页。

国集团领导人峰会在印尼巴厘岛召开，会议发表《二十国集团领导人巴厘岛峰会宣言》，强调包容性国际数字贸易合作的重要性，呼吁加强国际贸易和投资合作。最后，区域贸易协定影响力不断提升，逐步引领全球数字贸易规则制定走向。以日本、新加坡为代表的中等强国探索独立于中美欧的数字贸易规则框架。新加坡积极推进《数字经济伙伴关系协定（DEPA）》进程，吸引中国、韩国、加拿大等加入DEPA。目前，中国、韩国、加拿大已完成技术性磋商，成立“加入DEPA工作组”。此外，《全面与进步跨太平洋伙伴关系协定（CPTPP）》《区域全面经济伙伴关系协定（RCEP）》等贸易协定促进缔约国国内和区域数据监管机制兼容，有助于推动形成数字贸易发展产业链和生态圈，推动全球数字贸易深化合作与共同发展。

9.2 当前网络空间国际治理热点问题与中国实践

当前，世界百年变局和信息化浪潮持续塑造网络空间国际治理格局，2023年的网络空间热点议题既有延续，又有新的变化与发展。技术治理、数据治理、数字贸易治理成为各国密切关注的重点领域，相关领域大国博弈进一步加剧，给网络空间全球治理带来了巨大挑战。中国站在人类前途与命运的战略高度，积极参与全球互联网发展治理，为推进网络空间发展贡献中国方案，展现出中国积极推动构建网络空间命运共同体的笃定实行和责任担当。

9.2.1 中国呼吁共同维护产供链安全，反对技术问题政治化

新一轮科技革命背景下，新兴技术深度融入经济社会各领域，成为各国推动经济社会转型、培育经济新动能、构筑竞争新优势的重要抓手。当前，世界主要经济体高度重视本土技术优势塑造，纷纷加快布局半导体、量子、5G/6G及人工智能领域。个别国家为巩固在军事和经济领域的绝对优势，不断泛化“国家安全”概念，将技术问题政治化，通过滥用出口管制措施、制定关键技术清单、强化对新兴技术审查等方式，扰乱全球新兴技术产业生态。此外，为应对新技术创新应用的潜在安全风险，各国纷纷采取措施加强对新技术的监管和立法，推动发展与规范并重。

中国政府一向反对将技术问题政治化，多次强调国际社会应摒弃单边主义、保护主义做法，主张开放融合、同舟共济，共同维护产业链、供应链安全畅通。2022年11月，中国国家主席习近平在印度尼西亚巴厘岛同美国总统拜登举行会晤时明确指出，打贸易战、科技战，人为“筑墙设垒”，强推“脱钩断链”，完全违反市场经济原则，破坏国际贸易规则，只会损人不利己。同月，中国国务院新闻办公室发布《携手构建网络空间命运共同体》白皮书，指出中国政府反对将技术问题政治化，反对滥用国家力量、违反市场经济原则和国际经贸规则，反对不择手段打压遏制他国企业。

同时，中国高度重视新信息技术发展和治理工作，出台一系列支持政策提升国家信息技术产业竞争力。2022年8月，科技部、工业和信息化部等六部门印发《关于加快场景创新以人工智能高水平应用促进经济高质量发展的指导意见》，为统筹推进人工智能场景创新，着力解决人工智能重大应用和产业化问题，全面提升人工智能发展质量和水平提供了政策指引和制度安排。2022年12月，中共中央、国务院发布《扩大内需战略规划纲要（2022—2035年）》，提出全面提升信息技术产业核心竞争力，推动人工智能、先进通信、集成电路、新型显示、先进计算等技术创新和应用。

9.2.2 中国积极推进数据要素开发利用，加强跨境数据流动探索

随着数据要素上升为各国数字化战略重点，多国对内严格规范数据监管要求，积极推进数据要素开发应用，对外探索推进跨境数据流动领域的国际合作。首先，多国普遍加快数据立法进程。以泰国、印度尼西亚、阿根廷等为代表的亚非拉国家正式出台个人数据保护法案；新加坡、法国等国针对人工智能、区块链等具体技术领域的个人数据保护问题出台指南等规范性文件。其次，多国通过完善数据要素市场基础制度、推动数据要素流通利用、规范数字市场竞争等一系列措施，进一步推进数据的开发应用。再次，全球对于跨境数据流动治理理念的认可度进一步提升，数字贸易、执法等领域的跨境传输合作持续开展。

数据治理效能关乎数字中国建设和国家治理现代化进程，中国不断巩固兼顾安全和发展的数据治理框架，推动数据要素价值充分释放，加强跨境数据流

动探索。2022年12月，中共中央、国务院印发“数据二十条”，为加快构建数据基础制度体系、进一步释放数据要素价值、激活数据要素潜能指明了方向。同年9月，《数据出境安全评估办法》正式施行，规定了数据出境安全评估的范围、条件和程序，为数据出境提供了可操作、可落实的法律依据，有利于实现发展与安全并重，是破题数据跨境流动管理规则的重要实践。

9.2.3 中国加快发展数字经济，积极参与相关国际规则制定

数字经济已成为世界各国抢抓发展机遇，打造国际竞争新优势的焦点。当前，国际层面对数字经济的治理规则尚未达成共识，各国基于安全和发展需要，围绕数字贸易规则框架抓紧布局，试图争取数字贸易规则制定的主动权。例如，美国启动“印太经济框架”，将数字贸易治理合作尤其是数字贸易规则塑造置于印太数字经济合作优先位置。此外，全球数字贸易“联盟化”趋势持续增强。美国主导建立亚太经合组织跨境隐私规则（CBPR），吸收日本、韩国、新加坡等加入。欧盟以保护数据隐私为核心，持续巩固数据盟友。日本持续推动基于信任的跨境数据流动（DFFT），试图打造美、欧、日数字流通圈。

中国深入实施网络强国战略、国家大数据战略，先后印发数字经济发展战略、“十四五”数字经济发展规划，加快推进数字产业化和产业数字化，推动数字经济蓬勃发展。[1] 2023年2月，中共中央、国务院印发了《数字中国建设整体布局规划》，要求推进数字技术与经济、政治、文化、社会、生态文明建设“五位一体”深度融合，全面赋能经济社会发展，做强做优做大数字经济。

中国国家主席习近平强调，“要开展双多边数字治理合作，维护和完善多边数字经济治理机制”。在构建网络空间命运共同体理念的指引下，中国积极参与数字经济有关组织的标准和规则制定。2022年6月，中国积极参与世界贸易组织（WTO）第12届部长级会议（MC12），推动达成一揽子协议，充分展现中国维护多边贸易体制、推动建设开放型世界经济的责任担当。2022年8月，《数字经济伙伴关系协定（DEPA）》联委会成立中国加入DEPA工作组，全面推进相关谈判，中国对接高标准国际经贸规则的脚步持续加速。

---

1 “国务院关于数字经济发展情况的报告”，http://www.gov.cn/xinwen/2022-11/28/content_5729249.htm，访问时间：2023年4月。

9.3 中国积极开展国际交流合作

一年来，在习近平总书记关于构建网络空间命运共同体的理念主张的指引下，中国充分发挥双多边合作机制作用，不断深化拓展全球合作伙伴关系，持续加强数字经济、网络安全、互联网基础资源、技术标准、数据安全、网络文化等领域务实合作，充分彰显了中国致力于推动全球网络空间治理公正化、合理化发展的务实担当。

9.3.1 搭建网络空间国际交流合作平台

中国积极发挥负责任大国作用，深入参与搭建全球性、区域性多层次互联网治理平台，推动世界各国政府、企业、民间团体等在互联网国际治理领域积极发声、密切交流、深化合作，与世界各国共享互联网发展成果，凝聚全球网络空间治理共识，为推进全球互联网治理体系变革、构建网络空间命运共同体发挥积极作用。

自2014年起，中国已连续成功举办多届世界互联网大会乌镇峰会，不断凝聚各方智慧共识，持续深化数字合作。世界互联网大会平台成为全球互联网共享共治和数字经济交流合作的高端平台，得到国际社会各方的高度关注和广泛认可。2022年7月，世界互联网大会正式成立国际组织。2022年11月，2022年世界互联网大会乌镇峰会在浙江乌镇开幕。中国国家主席习近平致贺信，深刻阐述了数字化给人类社会带来的机遇和挑战，鲜明表达了中国愿与世界各国携手构建网络空间命运共同体的真诚愿望，受到国际社会高度认同。作为世界互联网大会国际组织成立后的首届年会，大会以“共建网络世界共创数字未来——携手构建网络空间命运共同体”为主题，设计了合作与发展、技术与产业、人文与社会、治理与安全四大板块，邀请120多个国家和地区的2100余名嘉宾以线上线下方式参会。大会再次举行“携手构建网络空间命运共同体精品案例”发布展示活动，从全球100多个国家和地区、200多个参评案例中精选了12个具有代表性的精品案例，展现了全球各方在网络基础设施建设、网上文化交流、数字经济创新发展、网络安全保障和网络空间国际治理五大领域中的生动实践。

在乌镇峰会框架下，“全球发展倡议数字合作论坛”“网络空间国际规则：实践与探索”及“共商共建共享数字经济新时代”论坛成功举办。论坛分别发布了《关于全球发展倡议数字合作的非文件》、全球百位专家学者共同参与的《“构建网络空间命运共同体”系列国际研讨会成果汇编》，以及《数字世界的共同愿景——全球智库论携手构建网络空间命运共同体》文集，凝聚各方关于数字合作与发展的共识，深入阐释构建网络空间命运共同体理念主张，为推动构建网络空间命运共同体贡献中国力量。

2023年6月25—27日，世界互联网大会数字文明尼山对话在山东曲阜尼山举办。尼山对话以“人工智能时代：构建交流、互鉴、包容的数字世界”为主题，全球政企学研各领域的约400名代表，通过线下和线上方式参与对话，探讨人工智能技术对人类文明带来的机遇与挑战，探索人工智能全球治理的可行范式，共促人工智能时代的人类文明交流、互鉴与包容，携手构建网络空间命运共同体。

此外，中国积极发挥智库在推动国际交流与合作中的重要平台作用。2022年，中国信息通信研究院与近20家非洲、东盟地区国际组织、高校、智库签署合作备忘录，共建国际数字智库合作网络，深化互联网领域智库间合作，助力增强各方互信和理念共识，为服务国家外交战略，推动构建新发展格局做出了积极贡献。

9.3.2 参与联合国框架下治理进程

中国坚定维护以联合国为核心的国际体系，一贯主张发挥联合国在网络空间国际治理中的主渠道作用，始终积极参与联合国框架下网络空间交流合作。2022年以来，中国政府积极参与联合国“我们的共同议程”落实工作，向联合国牵头起草的“新和平纲领”提交相关意见建议；推动联合国大会通过“从国际安全角度看信息通信领域发展”决议，将“构建网络空间命运共同体”的中国方案第三次写入联合国大会决议；建设性参与联合国信息安全问题开放式工作组（OEWG）工作，率先提出大国应带头遵守“网络空间负责任国家行为框架”，并使之成功纳入联合国相关报告；主动参与国际电信联盟、联合国打击网络犯罪公约谈判、联合国教科文组织（UNESCO）、联合国人权理事会、联合国经济及社会理事会等专门机构或机制涉网信议题磋商，积极参与信息社会世界峰会（WSIS）、互联网治理论坛（IGF）等联合国发起主办的国际性平台活动。此外，世界互联网大会、中国互联网治理论坛、中国信通院、中国社科院等国际组织及中国社群、研究机构，积极参与联合国全球数字契约磋商制定工作，为世界各国人民共享数字技术做出积极贡献。

国际电信联盟是主管信息通信技术事务的联合国专门机构，四年一次的全权代表大会是国际电信联盟的最高权力和政策制定机构。2022年9—10月，国际电信联盟2022年全权代表大会召开。中国成功连任国际电信联盟理事国，中国国家无线电监测中心主任程建军当选新一届无线电规则委员会委员。会议期间，中国积极参与互联网治理、人工智能、数字抗疫、智慧城市等多项议题讨论，支持发展中国家弥合数字鸿沟，推动国际电信联盟在全球互联网治理中发挥更大作用。

联合国人权理事会作为联合国大会下属机构，致力于维护各国人权免于侵害。多年来，中国积极参与联合国人权领域活动实践，为全球人权治理工作贡献中国智慧。2022年9月，北京青少年法律援助与研究中心、国际儿童法联盟、中国民间组织国际交流促进会、中国国际民间组织合作促进会共同主办联合国人权理事会第51届会议“加强数字时代的国家立法 保护儿童免遭网络侵害”主题边会，邀请来自中国、奥地利、瑞士和联合国儿童基金会等国家和组织的代表参会并发言，就更好保障儿童在网络空间合法权益分享各自实践和有益经验。

联合国经济及社会理事会是联合国唯一有非政府组织参与正式框架的主要机构。2022年12月，联合国经济及社会理事会正式授予中国网络社会组织联合会特别咨商地位。全球目前具有咨商地位的非政府组织已达6300余个，中国（含港澳台）共有90余家，中国网络社会组织联合会是中国网信领域首个获得咨商地位的社会组织。

信息社会世界峰会是联合国举办的世界信息通信技术领域规模最大、级别最高的年度峰会。2023年3月，信息社会世界峰会颁奖盛典在瑞士日内瓦举行，中国移动提交的《企事业单位“物资超市”盘活解决方案》获得最高项目奖，这是国内企业在本次峰会获得的唯一大奖。中国信息通信研究院推荐的《移动互联网应用的年龄友好性》项目，旨在解决老年人在运用智能技术方面遇到的困难，获得C10信息社会道德类冠军奖。

联合国互联网治理论坛是关于互联网治理问题的开放式论坛，下设开放论坛、研讨会、展会等相关配套活动。中国连续多年参加该平台活动，汇聚我国互联网产业和社群力量，为全球互联网治理进程贡献力量。在人员任职方面，清华大学薛澜当选联合国互联网治理论坛领导小组成员，中国互联网络信息中心张晓当选联合国互联网治理论坛专家组成员，为推动全球互联网治理做出积极贡献。在国际交流合作层面，2022年12月，中国国家互联网信息办公室在第17届联合国互联网治理论坛上统筹举办了多场开放论坛、研讨会等活动，围绕数字经济、人工智能、数据安全等议题积极宣介中国经验做法。中国国家互联网信息办公室国际合作局和中国网络空间安全协会联合主办以“深化数字经济国际合作，实现互联互通和共同繁荣”为主题的开放论坛，重点就数字经济和全民数字连接、数字经济中的数字和数据治理及中国促进数字经济国际合作的经验等话题进行深入探讨。中国网络社会组织联合会、中国传媒大学和联合国儿童基金会共同主办“人工智能为儿童行业标准草案和典型案例”发布与奖励会议，邀请各国人工智能专家为《基于人工智能技术的未成年人互联网应用建设指南》标准优化升级提出建设性意见，并结合企业案例对基于人工智能技术的未成年人网络服务模式和效果进行探讨。中国网络空间安全协会与伏羲智库共同主办“保障弱势群体的数字权利及数据安全——老年人的数据安全和个人信息保护的探索与实现”研讨会，围绕数字时代老年人的数字权利与安全保护，探讨各国的法治与社会治理理念与实践，推动国际社会建立面向老年群体数据安全和个人信息保护方面的政策、规则。

联合国秘书长于2022年3月设立“有效多边主义高级别咨询委员会”，旨在加强多边主义治理效率，落实《我们的共同议程》提出的建议，对联合国成员国共同关心的重大问题做出回应。中国国际问题研究院徐步受邀担任咨询委员会成员。2023年4月，联合国秘书长古特雷斯特别致信，感谢中国国际问题研究院为联合国报告《人类与地球的突破：当今及未来有效且包容的全球治理》做出的重要贡献。

9.3.3 深化数字经济合作伙伴关系

中国秉持共商共建共享的全球治理观，主动参与国际组织数字经济议题谈判，积极开展数字经济领域双多边对话与合作，为维护和完善数字经济治理机制、挖掘世界经济增长新动能做出重要贡献。

中国积极参与亚太经济合作组织（简称亚太经合组织，APEC）、二十国集团、金砖国家（BRICS）等多边平台涉数字经济磋商谈判。亚太经合组织是亚太地区层级最高、领域最广、最具影响力的经济合作机制。中国深度参与亚太经合组织数字经济合作，推动全面平衡落实《APEC互联网与数字经济路线图》。亚太经合组织数字经济指导组（DESG）、工商咨询理事会（ABAC）是亚太经合组织合作的重要组成部分，是参与亚太区域经贸合作和规则制定的重要平台。中国政府积极推动中方人员连任数字经济指导组副主席，积极参与数字经济议题磋商谈判。中国贸促会等社会组织依托工商咨询理事会平台，推动中国工商界积极参与数字化议题讨论。2023年1月，来自中国国家互联网信息办公室、中国标准化协会的政府、行业协会代表积极参与APEC女性领导力论坛"可持续发展与数字经济创新"实践案例研讨会，深入宣介阐释中国数字经济和隐私保护政策实践。2021—2023年，中国国家互联网信息办公室先后举办亚太经合组织数字减贫研讨会、数字能力建设研讨会、数字化绿色化协同转型发展研讨会，分享数字经济建设实践经验，深化亚太经合组织数字经济合作共识。

中国深度参与二十国集团领导人峰会、数字经济部长会议及数字经济工作组、发展工作组等相关会议活动，深化数字经济领域务实合作。2022年11月，中国国家主席习近平在二十国集团领导人第十七次峰会上就推动全球数字化合作提出三点"坚持"：坚持多边主义，加强国际合作；坚持发展优先，弥合数字鸿沟；坚持创新驱动，助力疫后复苏。强调希望各方激发数字合作活力，让数字经济发展成果造福各国人民。会上，中国提出了《二十国集团数字创新合作行动计划》，旨在推进数字产业化、产业数字化方面国际合作，释放数字经济推动全球增长潜力。2022年9月，二十国集团数字经济部长会议在印度尼西亚巴厘岛举行。中国政府代表积极参与数字互联互通、数字素养、数据流动等多项议题讨论，围绕加强数字领域产业组织合作、开展信息通信技术人才培养、加强数字技术创新应用提出务实合作举措。此外，中国贸促会二十国集团工商界活动（B20）工作专班积极参与印度、印尼B20议题磋商，在数字化和贸易与投资领域围绕促进数字贸易发展、提升数字空间安全、加强数字基础设施建设等领域积极研提工商界倡议。

金砖国家是以新兴市场国家和发展中国家为代表的重要多边合作机制。中国高度重视金砖合作机制，在此前达成《金砖国家数字经济伙伴关系框架》等成果文件的基础上，积极推动金砖合作走深走实。2022年，中国工业和信息化部举办金砖国家工业互联网与数字制造发展论坛、首届数字金砖论坛和第四届金砖国家未来网络创新论坛，围绕移动通信、人工智能、工业互联网、数字化转型、数字技术应用、数字治理合作等议题进行交流研讨，并发布《金砖国家制造业数字化转型合作倡议》，提出建设通达的数字基础设施、充分激发数据要素价值、共建开放协同新生态、构建多边国际合作机制等十项主张。2022年6月，中国贸促会以线上线下相结合方式举办金砖国家工商论坛。论坛设置“拥抱数字经济，推进金砖国家新工业革命伙伴关系”专题研讨环节，邀请来自金砖和“金砖+”国家参会代表就加强数字经济合作、推进伙伴关系建设等展开广泛交流。此外，论坛还发布了《金砖国家工商界北京倡议》，为推动全球经济复苏凝聚力量。2022年7月，中国工业和信息化部主办第八届金砖国家通信部长会议。会议以“利用信息通信技术推进2030年可持续发展议程，深化合作实现更加强劲、绿色、健康发展”为主题，邀请金砖国家部级官员及国际组织负责人参会交流，并发布了《第八届金砖国家通信部长会议宣言》。会议为进一步巩固金砖战略伙伴关系，深化金砖国家信息通信领域务实合作，实现金砖高质量发展注入强劲动力。

世界移动通信大会（GSMA）是全球最具影响力的移动通信领域的展览会之一。2023年2—3月，2023世界移动通信大会（MWC2023）暨部长级会议——数字领导者圆桌会议在西班牙巴塞罗那举行。世界互联网大会秘书长受邀出席，并围绕数字化创新与转型的驱动力、数字领域的突破性创新话题发表演讲。

2023年是共建“一带一路”倡议提出10周年。中国以共建“一带一路”为依托，同“一带一路”沿线国家加强数字经济领域合作，为推动各国经济社会发展做出重要贡献。中国与东盟抓住数字化转型机遇，持续建设中国—东盟数字经济合作伙伴关系，引领中国与东盟开展网络空间全面交流。2022年6月，新加坡和中国在瑞士日内瓦签署两份谅解备忘录，加强在绿色发展和数字经济领域的合作，为两国探索数字经济和绿色经济的新合作领域提供新动力。2022年7月，在中国国家互联网信息办公室、外交部的支持下，中国—东盟中心举办中国—东盟数字合作吹风会，面向东盟驻华使节宣介中国关于数字合作的理念主张，推动中国—东盟数字经济合作走深走实。2022年9月，由中国国家互联网信息办公室、国家发展和改革委员会、工业和信息化部以及广西壮族自治区人民政府联合主办的第五届中国—东盟信息港论坛在南宁举行。论坛以"共建数字丝路 共享数字未来"为主题，围绕数字经济发展和智能互联、数据互通、合作互利开展交流研讨，助力中国—东盟信息港加快推进基础设施平台、信息共享平台、技术合作平台、经贸服务平台和人文交流平台建设。论坛还举办了数字技术成果展，涵盖5G新应用、人工智能、元宇宙等领域。2022年10月，第二次中国—东盟网络事务对话在新加坡举行。各方就网络空间总体形势、关键基础设施保护、政策机制建设及务实合作等议题进行了深入交流。各方就加强团结协作，坚持多边主义，确保网络空间和平、安全与韧性达成共识。2022年11月，第25次中国—东盟领导人会议在柬埔寨金边举行，会议发布《关于加强中国—东盟共同的可持续发展联合声明》，明确双方将推进第四次工业革命和数字化转型合作。落实《中国—东盟建设面向未来更加紧密的科技创新伙伴关系行动计划（2021—2025）》，拓展科技创新合作。落实中国东盟数字经济合作年成果，进一步加强双方在电子商务、智慧城市、数字转型等领域合作。2023年2月，第三次中国—东盟数字部长会议召开，会议回顾了2022年以来中国与东盟在数字领域的合作成果，交流了最新数字发展情况及政策，讨论了《2023年中国—东盟数字合作计划》。中国和东盟各国均表示，期待在《落实中国—东盟数字经济伙伴关系行动计划（2021—2025）》框架下加强合作，并同意续签《中国—东盟数字和信息通信技术合作谅解备忘录》。

中非"一带一路"合作走向高质量发展阶段，中国积极参与非洲数字经济建设，拓展"数字丝绸之路"覆盖范围，消除数字鸿沟，拉动双边贸易。2022年10月，尼日利亚非中媒体中心和尼日利亚国际问题研究所共同主办了"非中经济伙伴关系议程会议"，会议主题为"中国参与非洲的数字经济建设"，来自中国人民大学、中国社会科学院、尼国际问题研究所的中尼两国学者围绕非洲数字经济发展、中非数字经济合作、中非媒体合作等议题展开讨论。2022

年11月，中非减贫与发展伙伴联盟成立大会暨2022中非合作论坛——减贫与发展会议举行，会议的主题是“深化减贫与发展伙伴关系，推动中非合作高质量发展”，与会代表围绕“不断深化中非减贫与发展伙伴关系”“不断加强中非减贫与发展政策交流”及“不断促进中非减贫与发展合作实践”等议题展开讨论。会上宣读了《中非减贫与发展伙伴联盟成立宣言》，发布了《非洲减贫年度报告2022》《中非减贫与发展合作案例集2022》等知识产品。同月，中国驻南非大使应邀出席“华为-Rain-金山大学5G实验室”揭牌仪式并致辞，表示中国坚定支持南非发展数字经济。

中国与阿拉伯国家扎实推进共建“一带一路”，数字经济合作迈上新台阶。2022年12月，中国国家主席习近平出席首届中国—海湾阿拉伯国家合作委员会峰会，提出未来3—5年中海合作五大重点领域。其中推进数字经济创新发展相关举措包括共建大数据和云计算中心，加强5G和6G技术合作，共建一批创新创业孵化器，围绕跨境电商合作和通信网络建设等领域实施10个数字经济项目等。同月，中国国家主席习近平对沙特进行国事访问，中沙发表《联合声明》，强调双方应加强通信、数字经济领域合作。其间，两国签署《数字经济领域合作谅解备忘录》等成果文件。

中俄在数字经济领域合作不断深入，逐渐成为两国合作的亮点。2022年12月，中俄总理二十七次定期会晤期间，两国签署成果文件，强调双方加强数字经济领域合作，在金砖国家、上海合作组织框架内就数字经济问题协调立场。2022年11月，由中国科协、俄罗斯科工联、黑龙江省人民政府主办的“中俄数字经济高峰论坛”以线下线上方式成功举办。论坛以“开源开放、数创未来”为主题，聚焦中俄数字经济创新合作发展，为深化中俄双边合作注入了新动力。

中国—拉美和加勒比国家、中国—白俄罗斯、中欧关系不断提质升级。2022年7月，中拉数字技术抗疫合作论坛和首届中拉数字技术合作论坛分别举行，为中拉双方就数字技术最新发展、数字技术在抗击疫情、复工复产、经济复苏中的作用以及加强中拉新型基础设施建设、人工智能、5G等领域政策交流和务实合作搭建了平台。2023年3月，白俄罗斯总统对华进行国事访问期间，两国签署并发表联合声明，强调落实双边电子商务合作谅解备忘录，积极开展数字经济领域合作。同月，中国网络空间安全协会和中国欧盟商会共同举办的

“2023年中欧数字领域二轨对话”会议在京举行。会议围绕“中欧数据跨境流动监管规则交流”“全球数字合作机遇与中欧数字合作”“中欧数字领域人才培养合作”等议题展开沟通交流，深化了中欧之间的理解与互信，有利于推动中欧双方在数字领域的务实合作。

数字货币是支撑数字经济发展的重要金融“新基建”。2022年，多国加速推进央行法定数字货币的研究部署工作，中国积极探索央行数字货币跨境可行性方案，多边央行数字货币桥项目取得积极进展。2022年10月，国际清算银行（香港）创新中心、香港金融管理局、泰国中央银行、阿联酋中央银行和人民银行数字货币研究所在多边央行数字货币桥平台上首次成功完成了基于四个国家或地区数字货币的真实交易试点测试。来自中国内地、中国香港、泰国和阿联酋的20家商业银行基于货币桥平台为其客户完成了逾160笔以跨境贸易为主的多场景支付结算业务，实现了数字人民币在跨境领域的突破。此外，中国人民银行同各司法管辖区货币和财政监管部门、跨国金融机构及世界顶尖院校交流研讨法定数字货币前沿议题，并在国际组织框架下积极参与法定数字货币标准制定，共同构建国际标准体系。

9.3.4　持续开展网络安全国际合作

维护网络安全是国际社会的共同责任。中国积极履行国际责任，建设性参与金砖国家、上合组织等区域网络安全进程，加强网络安全领域合作伙伴关系，深化网络安全应急响应国际合作，共同打击网络犯罪和网络恐怖主义，主动宣介构建网络空间命运共同体重要理念，不断巩固扩大网络安全领域朋友圈。

中国积极推动金砖国家网络安全领域合作。2022年6月，中国国家主席习近平在北京以视频方式主持金砖国家领导人第十四次会晤，宣布通过《金砖国家领导人第十四次会晤北京宣言》，强调建立金砖国家关于确保信息通信技术使用安全的合作法律框架的重要性，认为应通过落实《金砖国家网络安全务实合作路线图》以及网络安全工作组工作，继续推进金砖国家务实合作，展现了世界主要发展中经济体在网络安全领域一系列重大问题上的共同立场。

中国积极参与上海合作组织框架下信息安全进程。2022年9月，中国国家主席习近平出席上海合作组织成员国元首理事会第二十二次会议，并发表题为

《把握时代潮流 加强团结合作 共创美好未来》的重要讲话，欢迎各方共同参与落实全球安全倡议，拓展安全合作，破解全球安全困境。

中国持续参与亚太经合组织、国际电信联盟等多边平台，与各方就网络安全相关议题开展密切交流。亚太经合组织电信工作组（APEC TEL）第64、65次全会期间，中国信息通信研究院专家担任召集人牵头召开了安全与繁荣指导小组（SPSG）会议，宣介我国数据安全治理取得的进展，参与数据安全和新技术安全主题相关研讨会，增强与各经济体间的政策交流与互信。国际电信联盟全球网络安全指数（GCI）会议期间，中方专家与各国专家就全球网络安全指数模型、指标等开展交流讨论，贡献中国智慧。

中国持续加强双多边领域网络安全对话。2022年以来，中国政府充分利用“中俄总理定期会晤”“中俄信息安全磋商”“中国—东盟网络事务对话”“新加坡国际网络周”等契机，与各方就全球网络安全形势交换意见，就持续深入开展网络安全领域双边对话与合作提出务实建议，倡导各方共同维护网络空间安全与稳定。以中国网络空间安全协会、中国信息通信研究院为代表的社会组织和研究机构，充分发挥二轨外交作用，积极推进涉网络安全议题的双多边交流，助力网络空间命运共同体建设。在CERT组织合作层面，截至2023年5月，中国已与82个国家和地区的285个计算机应急响应组织建立了“CNCERT国际合作伙伴”关系，与其中33个组织签订网络安全合作备忘录。2022年8月，国家计算机网络应急技术处理协调中心（CNCERT/CC）参加了亚太地区计算机应急响应组织（APCERT）发起举办的2022年亚太地区网络安全应急演练，圆满完成了各项演练任务。10月，CNCERT/CC参加APCERT举办的2022年会，会上第四次成功竞选连任APCERT副主席单位，第六次连任APCERT指导委员会委员单位。12月，CNCERT/CC主办中国—东盟网络安全应急响应能力建设研讨会，与东盟国家CERT组织就应急响应流程、能力建设等相关工作进行广泛交流。同月，CNCERT/CC主办2022年CNCERT国际合作伙伴会议，以“凝聚合力，共创安全合作新未来”为主题，设置“跨境协作”和“技术经验”两个板块，重点围绕“一带一路”、阿拉伯、东盟等地区网络安全合作经验等话题开展交流。此外，中国在发展中国家网络安全领域人才培养方面做出了新贡献。国家国际发展合作署积极安排实施发展中国家移动互联网发展研修班、发展中国家网络安全与信息对抗研修班、中非网络安全培训班等培训项目，为各国培养了大批网信领域，尤其是网安领域的专门人才。

中国一贯支持打击网络犯罪，始终支持在联合国框架下制定全球性公约，依托国际性、区域性机制持续推进该领域磋商进程。联合国打击网络犯罪公约特设委员会先后举行五次谈判会议，中国代表团积极宣介“全球安全倡议”，呼吁各国共同强化打击网络犯罪国际合作，为构建网络空间命运共同体理念贡献力量。中国最高人民检察院积极参与金砖国家、上海合作组织成员国、中国—东盟成员国总检察长会议、国际检察官联合会等国际多边平台，与相关国家就打击网络犯罪问题进行磋商，达成共识；推动签订网络犯罪领域双多边协议，强化刑事司法协助，推动网络安全跨境执法司法合作不断深化；加强涉外领域立法和国内法域外适用问题研究，组织翻译相关域外材料，加强培训交流。中国最高人民法院积极派员参加《联合国打击网络犯罪公约》制定谈判工作，以及第31届联合国预防犯罪和刑事司法委员会会议。结合人民法院打击网络犯罪相关工作，宣传中国相关司法理念和工作成效，推动相关国家和地区积极开展网络犯罪领域合作。中国公安部积极参与国际刑警组织等国际性机制，推动落实习近平主席提出的全球安全倡议，为维护全球安全和发展贡献中国力量。2022年3—6月，中国公安机关在国际刑警组织框架下，深入推进打击治理电信网络诈骗犯罪。与76个成员国警方共同参与的反诈“曙光行动”，捣毁设在多国的诈骗窝点1770个，逮捕犯罪嫌疑人2000余名，拦截非法资金5000余万美元[1]，为世界各地打击治理电信网络诈骗犯罪积累了成功经验。

9.3.5　加强互联网基础资源领域的交流合作

中国政府和技术社群积极参加互联网工程任务组（IETF）、互联网名称与数字地址分配机构（ICANN）、亚太互联网络信息中心（APNIC）等互联网基础资源领域国际组织和平台工作，为推动构建网络空间命运共同体做出积极贡献。2022年6月，中国电信研究院王爱俊成功当选IETF SAVNET工作组主席，

1 “公安机关强化国际执法推进‘曙光行动’”，http://www.legaldaily.com.cn/legal_case/content/2022-09/14/content_8781627.html，访问时间：2023年6月。

是中国通信运营商目前在IETF唯一现任工作组主席。2022年6—7月，中国政府、研究机构积极参与互联网名称与数字地址分配机构第74、75届会议，以及同期举行的政府间咨询委员会（GAC）会议，围绕新通用顶级域开放、域名滥用等议题进行深入探讨。2022年10月，中国信息通信研究院互联网治理研究中心和ICANN联合举办了ICANN第75次会议中国社群总结交流会，邀请来自政府部门、域名注册管理和服务机构、法律服务机构、研究机构和高校等参会代表围绕ICANN第75次会议参会情况、ICANN最新国际政策进展等展开研讨。会议有利于进一步促进中国社群深入参与ICANN及相关国际互联网治理事务，增强中国社群凝聚力和影响力。2023年3月，中国互联网络信息中心（CNNIC）王朗、清华大学段海新分别当选互联网名称与数字地址分配机构政府咨询委员会和普遍接受指导组（UASG）副主席，充分体现了中国在互联网领域的实力和影响力不断增强。同月，中国互联网络信息中心胡安磊成功当选亚太互联网络中心新一届执行委员，将有助于进一步发展社群关系，深化亚太区域合作。

9.3.6 推动信息技术和标准领域国际规则制定

中国积极参与信息技术领域的国际规则与标准建设，推进由中国主导的创新成果上升为国际标准。近年来，中国持续参与国际标准化组织、国际电工委员会（IEC）等标准组织，以及国际电信联盟等通信领域专门机构，承担并起草的数百项国际标准被正式立项或发布。2023年3月，中国研究机构深入参与ISO/IEC JTC1/SC6第45次全体会议，此前立项的两项无线局域网相关提案获批进入国际标准发布阶段，年内将发布为ISO/IEC国际标准。中国电子技术标准化研究院联合中国信科集团制定的光纤有关标准由国际电工委员会正式发布，该标准是光通信有源器件领域第一项由中国主导制定的IEC国际标准。2022年11月，中国信息通信科技集团有限公司主导制定的5项国际标准获国际电信联盟批准发布，其中两项和网络技术与人工智能结合有关，为全球网络技术与人工智能相结合提供指导性规范。

中国不断推动信息安全标准研制工作取得新进展。中国主导提出的量子密钥分发、移动设备生物特征识别安全等3项网络安全国际标准已发布或已进入发布阶段。中国信息安全测评中心牵头研制的量子信息国际标准（ISO/IEC 23837）进入国际标准发布准备阶段。中国网络安全国际标准化专业队伍持续壮大。截至2023年3月，中国网络安全国际标准化注册专家达157人，其中45位专家担任工作组/咨询组召集人以及项目编辑，为国际网络安全标准化工作贡献了中国力量。

此外，中国积极参与双多边对话，为国际标准制定提供中国方案。国家密码管理局积极参加WTO/TBT委员会非正式会、WTO电子商务谈判、GAMS会议等国际会议，利用各类平台主动向国际社会阐述中国密码管理政策，不断加强外方理解和认同。金砖国家未来网络研究院中国分院与巴西分院签署合作协议，开展信息通信领域政策法规、技术标准交流合作。

9.3.7　推动全球数据安全领域国际合作

当前，全球数据安全风险不断上升，制定数据安全全球规则、推动全球数据治理，成为国际社会面临的一项重要而紧迫的任务。近年来，中国以《全球数据安全倡议》为基础，积极参与国际数据生态安全治理。2023年3月，中国建设性参与联合国信息安全开放式工作组会议，积极推动各国以《全球数据安全倡议》为基础，就数据安全在内的风险挑战制定国际规则。

中国积极推进中古、中阿、中俄、中国—东盟数据安全领域对话与合作。2022年11月，中古发表联合声明，一致认为数据安全攸关各国安全和经济社会发展，古方支持中方提出的《全球数据安全倡议》，双方愿以此为基础制定全球数字治理规则。12月，中国国家主席习近平出席首届中国—阿拉伯国家峰会，提出未来3—5年中阿务实合作“八大共同行动”，共同落实《中阿数据安全合作倡议》，建立中阿网信交流机制，加强数据治理，网络安全等领域交流对话。峰会通过《首届中阿峰会利雅得宣言》，宣布中阿双方将不断深化合作，共同推动全球网络空间治理。2023年3月，中俄两国签署并发表联合声明，强调共同推动落实中方提出的《全球数据安全倡议》。此外，在中方主办的第三届中国—东盟数字安全论坛上，东盟国家及中方政府部门和相关机构代表就数字安全议题展开深入交流，促进双方数字安全产业合作，共建安全可信的地区数字经济生态。

9.3.8 推动网络文化国际交流互鉴

中国充分把握数字技术发展机遇，积极发挥互联网作为国际传播主渠道作用，推动网络文化国际交流互鉴取得新进展。在数字文化遗产交流层面，中国积极推进数字文化遗产保护和利用国际合作。2023年4月，法国驻华大使馆代表与武汉大学签署“中法数字文化与遗产研究中心”合作意向书并为该中心揭牌。该中心由武汉大学联合法国国立宪章学院共同设立，作为中国首批六家中法中心之一，聚焦中法数字文化遗产的研究与利用，将为中法两国教育文化交流做出新贡献。同月，广西壮族自治区侨务办公室主办，广西华侨学校承办的“海外华裔青年中华文化体验营”活动启动，140多名来自泰国、柬埔寨、老挝、印尼、越南、缅甸的华裔青少年通过线上线下相结合的形式参与广西非遗、侗族文化等课程，深入了解中华传统文化内涵。

在网络媒体交流层面，中国积极打造中外网络媒体交流与合作平台。2023年4月，中国网络媒体论坛在南京举行，“中国叙事・构建国际传播新范式”平行论坛召开。论坛邀请全球五大洲外籍媒体人等代表与媒体网站、社交平台等机构相关负责人围绕“注重多元，打造国际传播新势力”“文明互鉴，创新国际传播新话语”“引领变革，构建国际传播新格局”三方面内容，共叙合作，共谋发展，探索构建融通中外的中国叙事体系。

中国每年定期举办“中国网络文明大会”，打造中国网络文明的理念宣介平台、经验交流平台、成果展示平台和国际网络文明互鉴平台。2023年7月，网络文明大会“网络文明国际交流互鉴论坛”在福建厦门举办，论坛主题为“加强网络文明交流互鉴共存 携手构建网络空间命运共同体”。会上，来自美国、英国、比利时、中东和中亚的专家、学者等外籍代表围绕中外文明如何以“网”为桥交流、互鉴、共存等话题展开探讨。论坛旨在打造网上文化交流共享平台，加强网络空间文明交流互鉴，为携手构建网络空间命运共同体、促进人类文明进步做出贡献。

后 记

当今时代，数字技术作为世界科技革命和产业变革的先导力量，日益融入经济社会发展各领域全过程，深刻改变着生产方式、生活方式和社会治理方式。党的十八大以来，我国网信事业取得重大成就，网络强国建设迈出新步伐，网络空间主流思想舆论巩固壮大，网络综合治理体系基本建成，网络安全保障体系和能力持续完善，信息化驱动引领作用有效发挥，网络空间法治化程度不断提高，网络空间国际话语权和影响力明显增强。2022年10月，党的二十大在北京胜利召开，大会对全面建设社会主义现代化国家、全面推进中华民族伟大复兴进行了战略谋划，对统筹推进"五位一体"总体布局、协调推进"四个全面"战略布局作出了全面部署。党的二十大报告指出，要构建新一代信息技术、人工智能等一批新的增长引擎，加快发展数字经济，促进数字经济和实体经济深度融合，打造具有国际竞争力的数字产业集群，这些重要论述为建设网络强国和数字中国指明了前进方向、确立了行动指南。《中国互联网发展报告（2023）》（以下简称《报告》）集中展现了全国网信战线学习贯彻党的二十大精神的生动实践，深入宣传阐释习近平新时代中国特色社会主义思想特别是习近平总书记关于网络强国的重要思想的最新理论成果，全面系统反映近一年来中国互联网发展状况，系统总结中国互联网发展经验做法，科学展望中国互联网的发展前景。我们希望通过问道中国互联网发展，为世界各国互联网发展治理介绍经验、贡献智慧。

对《报告》的编撰工作，中央网信办室务会高度重视，办领导给予有力指导，网信办各局各单位大力支持，国务院办公厅、工业和信息化部等有关部委以及各省（自治区、直辖市）网信办在相关数据和素材提供等方面给予了鼎力帮助。《报告》由中国网络空间研究院牵头编撰，参与人员主要包括夏学平、宣兴章、李颖新、钱贤良、刘颖、邹潇湘、江洋、廖瑾、姜伟、尹鸿、李博文、程义峰、姜淑丽、李玮、龙青哲、邓珏霜、迟海燕、徐艳飞、张杨、李灿、吴晓璐、吴洁琼、肖铮、赵高华、刘超超、李晓娇、王奕彤、叶蓓、陈静、贾朔维、袁新、沈瑜、蔡杨、李阳春、杨笑寒、田原、刘瑶、路丹、龙超泽、李静怡、孟庆顺、宋首友、林浩、王普、王猛、杨舒航、张璨、翟优、蔡霖、张婵、杨欣彤、林治平、刘佳朋、杨学成、隋越、金钟、金琼、丁邡、孟庆国、王理达、郭全中、张金熠、蒋俏蕾、陈宗海、田志宏、徐华洁、徐培喜、商希雪等。张力、赵国俊、陈琪、李广乾、王立梅、张毓强、吕勇强、崔景贵、董媛媛、沈卫星、王东昆、张玉玲等专家学者在编写过程中提出了宝贵意见。

《报告》的顺利出版离不开社会各界的大力支持和帮助。鉴于编撰时间有限，《报告》难免存在不足之处。为此，我们希望国内外政府部门、国际组织、科研院所、互联网企业、社会团体等各界人士对《报告》提出宝贵的意见和建议，以便进一步提升编撰质量，为全球互联网发展治理贡献智慧和力量。

中国网络空间研究院

2023年10月